AF390987

HARMONIES
DE LA MER

COURANTS ET RÉVOLUTIONS

PAR

FÉLIX JULIEN

LIEUTENANT DE VAISSEAU, ANCIEN ÉLÈVE DE L'ÉCOLE POLYTECHNIQUE.

PARIS

HENRI PLON,   E. LACROIX,
IMPRIMEUR-ÉDITEUR,   LIBRAIRE,
RUE GARANCIÈRE, 8.   QUAI MALAQUAIS, 15.

1861

HARMONIES

DE LA MER

COURANTS ET RÉVOLUTIONS.

PARIS. — TYPOGRAPHIE DE HENRI PLON,

IMPRIMEUR DE L'EMPEREUR,

RUE GARANCIÈRE, 8.

HARMONIES

DE LA MER

COURANTS ET RÉVOLUTIONS

PAR

FÉLIX JULIEN

LIEUTENANT DE VAISSEAU, ANCIEN ÉLÈVE DE L'ÉCOLE POLYTECHNIQUE.

PARIS

HENRI PLON, IMPRIMEUR-ÉDITEUR

8, RUE GARANCIÈRE.

1861

PRÉFACE.

Nous réunissons dans un même recueil plusieurs études qui ont été déjà publiées séparément sur les principales découvertes météorologiques de notre époque. Nous nous sommes borné, dans cet essai, à ne donner qu'un résumé rapide des immenses travaux de compilation entrepris à cet égard en Europe et en Amérique. Dans ce genre de recherches, on comprend la nécessité d'adopter un cadre assez restreint. Nous avons évité avec le plus grand soin les détails trop techniques. Nous n'avons emprunté aux tableaux numériques et aux colonnes chargées d'observations que les résultats positifs qui peuvent conduire à la confirmation des lois de la nature et à la découverte des liens de solidarité qui existent entre elles. Pour faciliter au lecteur l'accès de ces études, en apparence ingrates et stériles, nous avons cherché, avant tout, à démontrer combien, dans cette voie, la vraie science touche à la poésie. Tel a été le but de cet ouvrage.

Si le résultat ne répond point à nos désirs, il ne faut point en rechercher la cause dans les difficultés d'une telle entreprise ; nos forces seules ne se seront point trouvées à la hauteur de notre tâche. Mais, en reconnaissant l'insuffisance de nos efforts, nous conserverons cependant encore un légitime espoir : c'est celui de pouvoir attirer un instant les regards du public vers un nouveau champ de recherches. Peut-être réussirons-nous ainsi à fixer l'attention de quelque esprit vigoureux, capable d'accomplir dignement l'œuvre dont nous ne donnons ici qu'une imparfaite ébauche.

AVANT-PROPOS.

Depuis quelques années, la science météorologique semble être entrée dans une phase nouvelle et dans une période de rapides progrès. L'étude des phénomènes qui s'y rattachent emprunte un puissant intérêt aux découvertes qui viennent de couronner les longues et consciencieuses recherches d'un savant officier de la marine américaine. C'est en classant, en comparant entre elles les nombreuses séries d'observations nautiques recueillies sur tous les points de l'Océan, que le commandant Maury a été conduit aux remarquables conclusions qui ont d'abord fixé l'attention publique en Angleterre et aux États-Unis. Les conséquences immédiates qui en résultent offrent un intérêt pratique incontestable; à ce titre, elles ne pouvaient manquer de trouver un accueil favorable auprès des deux premières nations maritimes du monde. Grâce à la lumière qu'elles ont répandue, en effet, sur plusieurs points douteux de la navigation, elles ont réussi à faire abandonner les préjugés de l'ancienne routine; elles ont démontré l'erreur des vieilles traditions qui nous condamnaient encore de nos jours à ne jamais nous écarter des premières directions suivies par les hardis explorateurs du quinzième et du seizième siècle. Des voies nouvelles, plus courtes et plus rapides, ont été ouvertes à travers les mers. En les parcourant aujourd'hui, on diminue de huit jours environ la traversée de New-York à la ligne; on abrége de plus d'un mois celle de Londres à San-Francisco. Les résultats, comme on le voit, ne sauraient être plus positifs : ils peuvent s'exprimer en chiffres et se résumer en dollars.

Cependant, en dehors de ces avantages pratiques et matériels, l'œuvre complète du commandant Maury présente d'autres aspects tout aussi dignes de captiver l'intelligence et de séduire l'imagination. Quand on se laisse guider par l'auteur dans le monde inconnu qu'il ouvre à nos regards, quand, à sa suite, on pénètre dans les couches profondes de l'Océan, ou dans les régions inexplorées de l'atmosphère, on est frappé de la grandeur du spectacle, de la richesse infinie des détails et de la variété des horizons nouveaux qu'il déroule à nos yeux. Chez lui, une nature enthousiaste et poétique, une véritable nature de marin se trouve associée, avec un rare bonheur, à toutes les qualités d'un esprit droit, méthodique et pénétrant. Tout en restant fidèle aux règles de l'induction philosophique, et sans sortir du domaine de la réalité, il a su, toutefois, maintenir constamment à une grande hauteur le point de vue où il se place pour contempler l'ensemble des ouvrages de Dieu.

Le système général dont il développe le principe ne repose que sur le résultat d'observations aussi exactes que multipliées. Il réunit dans un seul cadre le plus grand nombre de faits. Il les groupe, les coordonne, cherche à découvrir les lois qui les relient entre eux. Il parvient ainsi, par des rapprochements successifs, à faire ressortir les plus frappantes analogies et les coïncidences les plus inattendues. Philosophe sincère, il se montre éloigné de tout parti arrêté d'avance. Il sait que, dans le domaine des phénomènes météorologiques, il est difficile d'arriver, *à priori*, à une démonstration rigoureuse. Aussi se borne-t-il aux seules hypothèses qui concilient et qui expliquent le plus grand nombre de résultats. Comme il le dit lui-même, les conclusions qu'il adopte ne peuvent représenter autre chose que les solutions les plus satisfaisantes d'un problème de probabilité.

Nous le suivrons d'abord dans l'ensemble de ses considérations sur la circulation des eaux de l'Océan. Nous ne tarderons pas à voir comment tout se lie, tout s'enchaîne dans l'étude des lois de la nature. Avec un pareil guide nous pourrons toucher à quelques points encore inexplorés, et découvrir sous un jour nouveau quelques-unes des questions les plus intéressantes qui s'agitent à notre époque, dans les régions élevées des sciences physiques et naturelles.

HARMONIES DE LA MER

COURANTS ET RÉVOLUTIONS.

CHAPITRE PREMIER.

GRANDS COURANTS DE LA MER.

Principe général de la circulation des eaux. — Courant de surface et
courant sous-marin. — Application de ce principe au mouvement
des eaux de la mer Rouge et de la Méditerranée. — Contre-courant
de sortie. — Son existence révélée par la dérive d'un bâtiment coulé.
— Preuves fournies par l'état d'équilibre des lacs américains. —
Dans l'Atlantique, la masse des eaux qui affluent à la surface démontre la nécessité des contre-courants sous-marins. — Courant de
Humboldt. — Courant et contre-courant du détroit de Davis. — Par
quelle voie l'excès des eaux de l'Atlantique peut-il être déversé dans
le grand Océan ? — Documents précieux fournis à cet égard par les
baleiniers. — La baleine franche contourne librement l'Amérique
du Nord. — Preuves matérielles. — Le capitaine de l'*Investigator*
franchit le premier ce passage. — Expéditions envoyées à la recherche
de sir John Franklin. — Elles agrandissent le cercle de nos connaissances sur les courants hyperboréens — Contre-courant sous-marin
du détroit de Davis. — Son action sur les glaces flottantes. — Son
influence sur la température des régions arctiques. — Mer libre sous
le pôle. — Grande découverte du docteur Kane. — Mort de Bellot.

La mer offre, dans son ensemble et dans ses détails, le plus riche et le plus imposant spectacle qu'il

soit donné à l'homme de contempler. Bien que la science moderne n'ait point pénétré tous ses mystères, bien qu'elle n'ait pas encore assigné au mouvement général de ses eaux des lois précises et distinctes, nous pouvons toutefois dès à présent nous arrêter à un principe fondamental, dont les applications continuelles démontrent la justesse et l'universalité. Ce principe peut se résumer ainsi : « Toutes les fois qu'un courant se manifeste d'une manière constante et régulière dans une partie quelconque de l'Océan, il doit s'établir, sur un autre point, un courant équivalent et contraire destiné à maintenir l'équilibre des mers. » Comme on le voit, ce n'est point une simple hypothèse invoquée à l'appui d'une démonstration. Sans l'existence d'un pareil système de courants et de contre-courants, il serait difficile, en effet, d'expliquer l'identité des résultats fournis par l'analyse des eaux recueillies à la surface de toutes les mers du monde. L'océan Pacifique et l'Atlantique offrent, dans leur composition élémentaire, tous les caractères d'une parfaite homogénéité. Malgré l'immense distance qui les sépare, la mer Rouge et la Méditerranée ne présentent pas de différence plus sensible. Ainsi, ce qu'un premier coup d'œil d'ensemble nous montre comme un fait infiniment probable, l'étude attentive et détaillée de chacune de ces mers va le faire ressortir comme une loi d'une rigoureuse nécessité.

La mer Rouge, comme on le sait, remonte du sud au nord entre deux côtes arides et resserrées. Sur une

étendue de près de trois cents lieues, elle se trouve
alternativement exposée à l'action des vents généraux
et des vents alizés, qui n'atteignent ses bords qu'après
avoir soufflé sur les déserts brûlants de l'Égypte et de
l'Arabie. Aucune rivière, aucun cours d'eau, aucune
pluie abondante n'y compensent les pertes occasionnées par une évaporation incessante. La dépression
produite devient assez considérable pour déterminer,
à l'entrée de ce long et étroit canal, un courant de
surface dont la vitesse moyenne est à peu près de vingt
milles par jour.

Pour fixer les idées, on peut supposer réunie en un
seul volume la masse totale des déperditions journa-
lières, masse égale d'ailleurs à l'ensemble des compensations qui s'opèrent à l'entrée même de la mer
Rouge. Dans notre hypothèse, cette somme totale,
qui n'est autre chose que l'*intégrale* générale de tous
les éléments partiels d'alimentation, peut être représentée par une seule et immense lame, prenant naissance dans la mer d'Arabie et s'échappant à travers
le détroit de Bab-el-Mandeb pour se répandre au nord,
jusqu'à la plage de l'isthme de Suez. D'après les évalua-
tions précédentes, cette lame imaginaire mettrait un
peu moins de deux mois à parcourir l'espace qui s'é-
tend devant elle. Exposée comme elle le serait à
l'action d'un soleil ardent, elle perdrait, en se déroulant d'une manière régulière, progressive et continue,
une quantité d'eau qu'il est toujours possible d'esti-
mer. Il suffit de prendre pour valeur moyenne l'éva-

poration connue à Aden ; elle n'est que la moitié de celle que l'on constate dans l'océan Indien, et ne s'élève cependant pas à moins de dix millimètres par jour. Après deux mois, lorsque ce flot mobile sera parvenu à la fin de sa course, la dépense générale, et par suite l'abaissement définitif du niveau, aura donc été de deux pieds environ.

Telle est effectivement, entre les deux limites extrêmes de la mer Rouge, la différence que les cartes météorologiques de Johnston font parfaitement ressortir. L'auteur de ces cartes, toutefois, n'attribue la principale cause de cette dénivellation qu'à la poussée des vents régnants, qui, de mai en octobre, tendent à refouler vers le sud les surfaces liquides qu'ils rencontrent. Quelle que puisse être, à ce point de vue, l'influence directe des vents, leur action dans ce sens ne peut que s'ajouter à celle de l'évaporation, et les effets de cette double intervention se trouvent encore accrus par le concours d'une troisième cause, non moins réelle et non moins effective. C'est la différence de température, et par suite la différence de dilatation que doivent subir les eaux répandues entre Suez et la mer d'Arabie. Leur changement de niveau est donc un fait qui ne peut laisser aucun doute, quelle que soit celle des trois causes prépondérantes à laquelle on veuille s'arrêter.

Après nous être ainsi rendu compte de l'inclinaison que présente la surface de la mer Rouge, il nous reste à examiner les altérations exceptionnelles qui se manifestent à chacune de ses extrémités, et à en déduire les conditions d'équilibre qui en résultent. Au sud, c'est-à-dire à l'ouverture du détroit, les eaux tièdes et comparativement plus légères des zones tropicales, s'élèvent à la surface; elles y demeurent et glissent vers le nord sans pénétrer profondément dans les régions inférieures. Mais en se répandant vers l'isthme, ces mêmes eaux se chargent de tous les sels abandonnés par l'évaporation. Elles deviennent en même temps plus froides et plus denses, et de leur précipitation vers les couches les plus basses doit résulter, d'après les principes élémentaires de l'hydrodynamique, un mouvement sous-marin de retour, véritable courant d'extraction qui s'échappe vers la mer d'Arabie, pour lui restituer tous les sels entraînés par les courants de surface du détroit de Bab-el-Mandeb.

Sans une pareille voie de compensation, on ne peut expliquer, en vérité, comment la mer Rouge élabore, transforme et fait disparaître les masses énormes de matières solubles que l'Océan, depuis des milliers d'années, déverse dans son sein. Sa surface et sa profondeur maximum sont connues; le terme moyen de son évaporation est également déterminé. Dès lors, si l'on n'admet pas l'existence d'un contre-courant sous-marin de dégagement, il n'est pas nécessaire de recourir à un calcul empirique pour démontrer qu'une période de moins de trente siècles aurait suffi pour convertir en cristaux la longue et étroite nappe d'eau qui sépare l'Afrique de l'Asie. Telles sont les conclusions rigoureuses, telles sont les preuves irrécusables qui attestent, pour le détroit de Bab-el-Mandeb, l'exactitude du principe qui a été posé en commençant.

On a remarqué, en étudiant l'action des vents sur les contrées voisines des mers intérieures, que la quantité d'eau restituée à l'atmosphère par la Méditerranée peut être représentée par trois fois le volume de toutes les rivières qui se jettent dans son sein. Son niveau d'équilibre n'est maintenu stationnaire que par les courants de l'Atlantique, qui, pendant la plus grande partie de l'année, sont dirigés de l'occident à l'orient à travers le détroit de Gibraltar. Mais ces courants, ainsi que ceux de la mer d'Arabie, arrivent chargés de sels dans le bassin qu'ils alimentent. L'évaporation a peu d'action sur eux, du moins sur les parties solubles qu'ils contiennent, et c'est toujours à l'état de pureté et sous forme de vapeurs qu'elle rend à l'atmosphère les eaux puisées à la surface. Que deviennent alors les éléments solides, les molécules cristallisables qui sont ainsi abandonnées, et qui descendent de couche en couche, jusqu'à ce qu'elles atteignent un milieu d'équilibre plus dense et plus profond? Où sont les dépôts de sels, les gisements sous-marins que cette précipitation incessante a dû former depuis l'origine des siècles? Nulle part on n'en trouve les traces. Les sondes les plus profondes n'en ont jamais révélé l'existence. Quelles sont alors les voies d'écoulement qui préviennent ainsi ce travail inévitable de cristallisation, et qui conservent toujours les eaux de la Méditerranée au même degré de pureté, de transparence et de légèreté? Il n'y a pas d'hypothèses que l'on n'ait présentées pour résoudre cette question, qui, de tout temps, a vivement excité la curiosité des philosophes et des marins. On a imaginé des cavités sous-marines et des passages souterrains. On est allé jusqu'à faire intervenir l'action directe des volcans et le pouvoir absorbant des rayons solaires.

Dès 1683 cependant, le docteur Smith, s'appuyant sur un exemple de contre-courant sous-marin observé et parfaitement reconnu dans le Sund, soutenait par analogie qu'il devait exister dans les profondeurs du détroit de Gibraltar une pareille voie de communication, destinée à rendre à l'Océan une partie des eaux et la totalité des sels que les courants de surface entraînaient continuellement dans la Méditerranée. A l'appui de la même opinion, le docteur Hudson citait, quelques années plus tard, l'exemple d'un brick hollandais poursuivi et atteint, entre Tanger et Tarifa, par le corsaire français *le Phénix*. Une seule bordée avait suffi pour le couler; mais au lieu de sombrer sur place, grâce à un chargement d'huile et d'alcool, le brick avait flotté entre deux eaux, dérivant vers l'ouest et finissant par s'échouer, après deux ou trois jours, dans les environs de Tanger, à plus de douze milles du point où il avait disparu dans les flots. Telle était la distance qu'il avait ainsi franchie, entraîné par le mouvement des couches inférieures, dans une direction entièrement contraire au sens des courants qui règnent à la surface. Dès cette époque, la confirmation d'un tel fait avait semblé suffisante pour démontrer l'existence d'un contre-courant sous-marin entre l'Atlantique et la Méditerranée.

Cette opinion, qui n'est pas nouvelle, comme on voit, se trouve entièrement conforme aux conclusions que le commandant Maury a adoptées de nos jours, et qu'il a développées en s'appuyant sur tous les progrès des sciences modernes et sur tous les résultats fournis par les observations les plus récentes. Ainsi, depuis quelques années, on est parvenu à explorer, jusqu'à de très-grands fonds, le détroit et toutes les régions voisines de ses côtes. On a même obtenu, à quinze lieues dans l'est de Gibraltar, de l'eau recueillie à une profondeur de plus de mille mètres. Soumis aux observations du docteur Wollaston, ce spécimen des couches inférieures a donné à l'analyse quatre fois plus de sels que n'en contient l'eau prise à la surface. Il nous est donc permis de conclure, avec l'habile physicien, que s'il existe au fond du détroit un courant de sortie égal en surface et en épaisseur à celui qui vient de l'Océan, il lui suffira de posséder une vitesse quatre fois moindre pour extraire de la Méditerranée tous les sels qui y sont entraînés par le mouvement des eaux supérieures.

Il est vrai que les mêmes opérations hydrographiques ont fait ressortir le contraste frappant que présente la nature du fond, quand on l'étudie dans l'étroit espace qui unit les deux mers. Par le travers de

Ceuta et de Spartel, en effet, la sonde n'indique que deux cents mètres environ, tandis qu'elle en accuse plus de mille dès qu'on arrive à la limite extrême du côté de la Méditerranée. Il existe donc en ce point une dépression subite, un ressaut brusque et vertical qu'on ne peut mieux comparer qu'aux pentes abruptes des montagnes environnantes.

Ce changement rapide de profondeur sert de texte et de principal argument au savant géologue Charles Lyell, pour combattre l'hypothèse d'un contre-courant sous-marin dans les régions inférieures du détroit de Gibraltar. D'après lui, une pareille saillie du sol doit offrir un infranchissable obstacle aux eaux plus basses et plus denses, qui ne peuvent s'élever au-dessus de cette barrière naturelle pour s'échapper vers l'Océan. Mais si un simple dénivellement dans le fond de la mer pouvait suffire pour arrêter la marche des eaux inférieures, ces eaux, ainsi maintenues dans un permanent état d'immobilité, laisseraient constamment précipiter sur le même point les sels dont elles sont chargées. Dans les zones tropicales surtout, où l'évaporation est si considérable, toutes les cavités sous-marines seraient comblées de cristallisations. Or, dans l'Océan pas plus que dans la Méditerranée, jamais la sonde n'a constaté l'existence de pareilles anomalies. Ces lieux de stagnation et de dépôt seraient de véritables points morts qui n'offriraient que des taches et des lacunes dans le mouvement général et dans l'ensemble des harmonies de la nature.

C'est en effet dans le spectacle de la nature elle-même, c'est dans les grandes scènes qu'elle déroule sur le continent américain, que le commandant Maury a puisé ses meilleures inspirations et ses plus solides arguments pour répondre aux objections du géologue anglais. Si, dans le mouvement d'une grande masse liquide, les eaux inférieures ne peuvent jamais surmonter l'obstacle qui s'élève sur leur passage, les grands lacs d'Amérique devraient alors se charger de tous les sels que leur apportent les ruisseaux d'alimentation, sans pouvoir jamais les renvoyer à la mer, puisque le lit de la rivière d'écoulement se trouve presque toujours au niveau des eaux de la surface. Mais telles ne sont pas les lois de l'équilibre hydrodynamique. Le lac Érié, par exemple, toujours homogène dans sa composition, fait évidemment participer ses eaux les plus profondes au mouvement des couches élevées, qui s'élancent en bondissant sur la crête de rochers de la Niagara.

Une autre preuve non moins convaincante nous est offerte par le spectacle de la barre mobile du Mississipi. Son développement vers la mer est d'une cinquantaine de pieds chaque année. Pendant que ce mouvement de translation s'opère, les grands dépôts d'alluvion qui formaient en amont la barre primitive, sont ébranlés, dispersés par le fleuve, et, de tous ces débris entraînés par les eaux, la plus grande partie est forcée de remonter des couches inférieures vers la surface, pour pouvoir s'écouler au delà des bas-fonds qui les séparent de la nouvelle barre en voie de formation. Chacune de ces molécules solides, pour franchir l'obstacle qui se présente devant elle, est donc animée du même mouvement ascensionnel que nous supposons exister dans les couches denses et profondes de la Méditerranée, au moment où elles viennent heurter brusquement les faces verticales des bas-fonds, pour se relever perpendiculairement jusqu'à la hauteur du lit du détroit, et s'échapper ensuite, comme contre-courants sous-marins, vers l'océan Atlantique.

A onze milles dans le sud-ouest du cap Trafalgar, l'existence de ces contre-courants a été constatée par les expériences d'un des officiers les plus distingués de la marine française, M. le capitaine de vaisseau Coupvent-Desbois. En attendant que ces observations puissent être renouvelées sur un plus grand nombre de points, Maury regarde comme entièrement suffisantes les preuves théoriques uniquement déduites de l'analogie et du raisonnement. Elles sont, à ses yeux, aussi claires et aussi précises que celles que l'on pouvait invoquer en faveur de la planète Leverrier, avant son apparition dans le télescope de Berlin.

Les conséquences rigoureuses auxquelles vient de nous conduire un examen rapide de la mer Rouge et de la Méditerranée, peuvent s'étendre au delà des limites de ces deux mers; elles peuvent se généraliser et s'appliquer aux conditions d'équilibre de l'Océan lui-même. Embrassons en effet l'Atlantique dans son ensemble. Il nous semble, au premier aspect, que les masses d'eau qu'il reçoit sont infiniment plus considérables que celles qu'il abandonne. Il doit donc exister dans son sein des voies sous-marines de retour et de déversement, dont il importe de découvrir l'origine et de déterminer la direction. En ne tenant compte d'abord que de la déperdition due à l'influence de l'atmosphère, nous remarquons que quelques-uns des plus grands fleuves, tels que la Plata, les Amazones, le Mississipi et le Saint-Laurent, suffisent, et au delà, pour compenser les pertes occasionnées par l'évaporation. Nous remarquons aussi que non-seulement toutes les rivières de l'Europe et de l'Afrique viennent se jeter dans le bassin, assez étroit d'ailleurs, de cet océan, mais que c'est encore là qu'aboutit l'immense flot polaire qui s'échappe du détroit de Davis en descendant des solitudes de l'océan Arctique. Pour se représenter les proportions de l'énorme volume d'eau que répand constamment dans l'Atlantique ce courant hyperboréen, il suffit d'observer quelles sont les puissantes sources auxquelles il s'alimente. D'un côté, ce sont les vapeurs atmosphériques, sans cesse en voie de précipitation, sous la température exceptionnelle de ces latitudes extrêmes, et de l'autre, ce sont les grands fleuves de l'ancien et du nouveau monde, dont le cours remonte vers le nord et qui roulent dans les mers glaciales leurs eaux verdâtres et profondes. En Amérique, c'est la rivière de Cuivre et la rivière Mackenzie. En Europe, en Asie, c'est la Dwina, l'Obi, la Léna et l'Ienisseï. Il n'est pas jusqu'à l'océan Pacifique lui-même qui ne vienne, à travers le détroit de Behring, mêler ses flots tièdes et bleus au grand mouvement circulaire qui s'accomplit autour de la zone polaire. C'est du sud, en effet, qu'arrive le courant qui s'incline au nord-est, après avoir franchi l'étroit espace qui sépare l'Asie de l'Amérique. Dans cette direction, il ne tarde pas à rencontrer la limite des glaces; mais ce n'est pas pour lui un obstacle invincible. Il plonge et disparaît, poursuit sa course sous cette voûte épaisse, et, s'infléchissant de plus en plus à l'est et même jusqu'au sud, finit par reparaître au milieu de la mer de Baffin, où il vient se mêler au grand courant de surface qui descend par le détroit de Davis vers les régions méridionales.

On le voit, tout concourt à augmenter le volume des eaux que cette large voie répand dans le bassin de l'Atlantique. Et cependant son niveau reste toujours stationnaire. Nous dirons plus, cet océan reçoit, dans l'hémisphère austral, un tribut plus abondant encore. C'est celui des eaux froides que lui apporte le courant polaire des régions antarctiques, et que la pointe du cap Horn divise en deux branches distinctes, à son approche des zones tempérées. L'une d'elles remonte directement au nord, baigne le pied des Andes, longe les côtes du Chili, du Pérou, et va répandre au loin, jusque sous la zone torride, les bienfaits de ses rafraîchissantes vapeurs. Elle porte le nom célèbre de *courant de Humboldt*. L'illustre voyageur, le premier, en

constata l'origine et en détermina les contours et la
direction. L'autre branche dévie légèrement vers l'est,
et pénètre dans l'Atlantique en s'élevant le long de la
côte orientale de la Patagonie. C'est elle qui charrie
quelquefois des glaçons jusqu'à la hauteur du trente-
septième parallèle, et qui refoule, jusque par le travers du Brésil, les eaux chaudes de l'équateur. D'a-
près la direction que suit ainsi le flot polaire, en remontant au delà du cap Horn et en se répandant sur
les deux côtes de l'Amérique méridionale, il devient
impossible de retrouver, entre les deux océans, les
traces apparentes d'une voie directe de communication dont tout cependant nous fait pressentir l'impérieuse nécessité.

Si l'on compare, en effet, les conditions météorologiques des deux mers, on observe que dans l'Atlantique il entre un excès considérable d'eaux douces
apportées par les fleuves, par le courant arctique et
par la condensation, tandis que l'Océan Pacifique, au
contraire, laisse échapper un volume non moins considérable d'eau à l'état de pureté parfaite, par le seul
effet de la triple étendue de surface intertropicale,
constamment soumises à l'action de l'évaporation. Il
se manifeste donc là une double cause d'altération,
qui tendrait avec le temps à modifier profondément
la nature des eaux, et à accumuler d'un seul côté tous
les éléments solides et cristallisables, si, par des voies
sous-marines, il ne s'opérait entre les deux bassins
un échange direct et réciproque destiné à maintenir

l'équilibre et l'homogénéité des deux océans. Or, ce n'est pas au nord du Pacifique qu'il faut chercher une pareille voie d'alimentation. On n'y rencontre d'autre issue que le détroit de Behring, dont le lit peu profond laisse échapper, dans la direction justement opposée, le courant de surface qui va se jeter dans les mers glaciales. Ce n'est donc que par le sud, entre les deux caps des Tempètes, que l'océan Atlantique peut communiquer directement avec l'immense bassin compris entre l'Asie et l'Amérique. En d'autres termes, c'est reconnaître l'existence d'un contre-courant sous-marin d'eaux pesantes et chaudes, se déroulant tout autour du cap Horn, au-dessous de la masse d'eaux froides qui arrivent des régions voisines de la zone antarctique. Une pareille solution, tout en ne reposant point encore sur des observations directes et positives, n'est cependant point une simple abstraction, ni le résultat d'une pure hypothèse. Les sondages thermo-métriques à grande profondeur sont rares et difficiles sans doute, sous les latitudes australes, au milieu d'une mer orageuse sans cesse tourmentée par les vents. Mais à défaut des résultats pratiques que l'expérience seule peut nous donner, il nous reste les preuves non moins réelles, non moins satisfaisantes, que nous rencontrons dans le domaine des inductions et de l'analogie.

Et c'est ici vraiment que le commandant Maury se révèle encore à nous avec toutes les ressources d'un esprit singulièrement pénétrant. Grâce à lui, en effet, grâce aux méthodes qu'il a su déduire des documents spéciaux recueillis dans toutes les parties du monde, on possède aujourd'hui des cartes marines sur lesquelles se trouvent représentés, d'une manière graphique et synthétique, tous les éléments les plus essentiels et les plus favorables à l'exploitation de la grande pêche de la baleine. Cette industrie, nous dit l'auteur, rend aux États de l'Union plus de milliers de dollars que n'en rapportent les mines d'or de la Californie. C'est assez faire ressortir, au simple point de vue spéculatif, l'importance de ces immenses travaux de compilation qui nous permettent de suivre, avec certitude et pour chaque époque de l'année, les lieux de migration et les parages fréquentés par les deux espèces bien distinctes de la famille des grands cétacés qui se partagent l'empire des mers.

La baleine franche, la plus forte et la plus riche en huile, vit exclusivement sous les latitudes élevées, dans les mers voisines des pôles. Le cachalot ne sort pas des régions tempérées, et se plaît, au contraire, dans les eaux tièdes des zones intertropicales. Dès lors, on comprend qu'il a été facile de déterminer sur la carte les limites que la nature semble avoir assignées à l'une et à l'autre espèce; et l'examen comparatif de ces démarcations extrêmes nous donne une vérification inattendue des mêmes conclusions, auxquelles nous avait conduit précédemment le seul enchaînement des faits et du raisonnement. En suivant, en effet, la courbe indicatrice des régions où vit le cachalot, nous remarquons que, dans l'Atlantique, cette ligne ne s'élève pas, du côté de l'Afrique, jusqu'à la hauteur du cap de Bonne-Espérance, tandis que, sur la côte opposée, elle remonte au delà du cap Horn, double l'Amérique du Sud, et pénètre ainsi dans le grand Océan. Cette direction est justement celle de la voie sous-marine de communication dont nous avons pressenti l'existence au-dessous des couches froides de la surface. Elle se confond avec le parcours suivi par les animaux que l'instinct guide infailliblement vers les courants d'eau chaude. N'est-ce pas là en faveur de sa réalité une indication suffisante, ou, disons mieux, une preuve réelle que la nature elle-même s'est chargée de mettre sous nos yeux?

Des considérations du même ordre peuvent s'étendre avec une égale justesse à l'étude des mers glaciales de l'hémisphère nord. Les baleines franches qu'on y rencontre présentent entre elles de tels caractères d'analogie, qu'il est impossible de ne pas les considérer comme faisant partie d'une seule et même famille. Quel que soit le lieu où on les trouve, qu'on les rencontre dans le nord de l'Asie, de l'Europe ou de l'Amérique, partout elles portent des marques certaines de leur commune origine. Or, puisqu'il est reconnu qu'elles ne peuvent demeurer longtemps sous la glace sans venir respirer à la surface, et puisqu'il leur est également impossible de pénétrer dans les eaux chaudes des tropiques qui s'élèvent devant elles comme des murailles infranchissables, on a lieu de supposer,

d'après ces seuls indices, qu'il existe, au moins quelquefois, un passage librement ouvert entre la mer de
Baffin et la partie de l'océan Polaire qui s'étend au
nord-est du détroit de Behring. Cette hypothèse a dû,
de nos jours, au hasard, la plus étrange et cependant
la plus incontestable confirmation. Une baleine, déjà
poursuivie, atteinte et blessée sur la côte du Groënland, a été chassée de nouveau et tuée dans la partie
occidentale du bassin arctique, de l'autre côté de la
barrière de glace qui semble séparer les deux océans.
La preuve palpable, matérielle de l'époque et du lieu
du premier combat, était encore intacte et profondément enfoncée dans son flanc. C'était le harpon qui,
selon l'usage des baleiniers, portait la date et le nom
du navire dont le lieu de pêche se trouvait en ce moment dans le nord de l'Atlantique, à l'ouverture du
détroit de Davis.

L'existence d'une pareille voie de communication
n'est donc pas douteuse. Toutefois, la circulation des
baleines d'une mer à l'autre ne permet que des conjectures relativement au libre accès que peut parfois
offrir aux navigateurs ce fameux passage nord-ouest,
dont la découverte a coûté tant d'efforts et tant d'hé-
roïques sacrifices. Il était réservé à notre époque d'en
connaître au juste la direction et d'en mesurer l'étendue. En avril 1853, le capitaine de l'*Investigator*, arrivant par l'ouest, eut le premier la gloire de franchir
sur la glace le bras de mer qui le séparait encore des
dernières terres que le capitaine Parry avait visitées

trente ans auparavant, en pénétrant dans l'océan Polaire par l'extrémité nord de la mer de Baffin. L'espace parcouru n'était que d'une quarantaine de milles environ (1).

Grâce aux nombreuses et importantes découvertes qui ont été le résultat des expéditions successives envoyées, pendant plusieurs années, à la recherche de sir John Franklin, on possède aujourd'hui des notions assez précises sur les courants de surface de ces régions hyperboréennes. Celui qui sort du détroit de Behring, comme nous l'avons déjà fait remarquer, s'infléchit au nord-est, longe les îles de Banks et de Melville, et pénètre dans les détroits de Barrow et de Lancastre, pour venir se mêler aux grandes eaux de la baie de Baffin, qui descendent vers l'Atlantique à travers le détroit de Davis.

Pendant leur hivernage dans les mers polaires, les navires *Intrépide* et *Résolu* ont constamment dérivé vers l'est, avec le banc de glace sur lequel ils furent plus tard abandonnés. C'est en dérivant également vers l'est et vers le sud, que le lieutenant de Haven a franchi un espace de près de trois cents lieues, entraîné avec la banquise au milieu de laquelle il était enfermé. Enfin, c'est toujours en suivant la même direction, et toujours retenu avec son navire dans les glaces flottantes, que le capitaine Mac-Clintock a parcouru tout récemment plus de onze cents milles, à partir de l'extrémité nord de la mer de Baffin.

Les courants qui descendent ainsi des régions voisines des pôles n'entrainent avec eux que des eaux complétement salées; les observations du lieutenant de Haven ne laissent aucun doute à cet égard. Malgré leur mélange avec les eaux douces qu'ils rencontrent dans la mer de Baffin, ils conservent encore jusque dans le détroit de Davis plus de la moitié des matières solubles dont sont chargées les eaux ordinaires de l'Océan. Quelles sont donc alors les inépuisables sources de sels auxquelles s'alimentent ces puissants courants dont l'origine nous est encore inconnue, et que nous rencontrons au nord du soixante-quinzième et même au-dessus du quatre-vingtième parallèle? Si, par une voie sous-marine de retour, il ne s'établit pas un échange direct avec l'Océan, il devient tout à fait impossible d'expliquer non-seulement cette continuelle formation de sels, mais encore la présence même des eaux polaires, qui ne cessent de se déverser avec une constante vitesse dans le bassin de l'Atlantique.

Les mêmes considérations qui nous ont déjà guidé dans l'étude des mers intérieures et dans l'examen comparatif des deux océans, nous conduisent logiquement à admettre l'existence d'un contre-courant sous-marin, remontant au nord, justement au-dessous du flot polaire qui s'échappe dans la direction opposée entre l'Amérique et le Groenland. On pourrait objecter peut-être que les masses énormes de sels qui nous arrivent continuellement du pôle, y ont été apportées par les courants de surface qui doublent le cap Nord ou par ceux qui pénètrent à travers le détroit de Behring. Mais la nature elle-même se charge de répondre. Elle nous donne à cet égard des indications infaillibles, qui révèlent et qui accusent très-nettement au-dessus de la mer les mouvements et les changements de direction qui s'accomplissent dans les couches les plus profondes. Ce sont les blocs flottants, les montagnes de glace que les navigateurs rencontrent quelquefois, remontant du sud au nord le détroit de Davis, et refoulant avec force autour d'eux les courants de surface qui semblent vainement s'opposer à leur marche. Leur tête ne s'élève pas au delà de quelques centaines de pieds; mais leur base, sept fois plus enfoncée dans les eaux, subit entièrement l'impulsion des contre-courants qui dominent entièrement dans les régions inférieures.

Il existe donc dans la partie septentrionale de l'océan Atlantique une voie sous-marine d'écoulement analogue à la grande artère de communication que le parcours des baleines nous a fait reconnaître tout le long des côtes de l'Amérique méridionale. Ici, comme dans l'hémisphère austral, les eaux qui l'alimentent sont chaudes et pesantes. Ce sont les eaux des zones tropicales, qui, surchargées de tous les sels abandonnés par l'évaporation, tendent constamment, malgré leur température élevée, à descendre des couches voisines de la surface pour aller, dans les régions les plus profondes, remplacer les couches plus froides mais plus légères. Grâce au mauvais état de conductibilité du milieu qui les environne, ces masses ainsi alourdies peuvent se maintenir à un degré stationnaire, et conserver pendant longtemps les trésors de chaleur qu'elles ont mission de transporter et de répandre dans les contrées les plus lointaines. Telles sont les conditions dans lesquelles se trouvent les courants sous-marins qui remontent au nord, en traversant le détroit de Davis et la baie de Baffin, pour se jeter au sein de la mer Glaciale.

Puisque le bassin polaire ne possède, dans toute son étendue, qu'une seule issue pour laisser écouler les eaux qui arrivent du sud, il doit nécessairement exister, au centre de ces régions arctiques, dans les environs mêmes du pôle, un lieu de renversement et de transformation, où les contre-courants sous-marins cessent de s'élever au nord, gagnent les couches supérieures et retournent vers l'Atlantique en formant les courants de surface dont nous avons déjà constaté les effets au delà du quatre-vingtième parallèle. On peut évaluer approximativement les proportions de l'énorme volume d'eau qui se trouve ainsi déplacé dans ce mouvement alternatif du pôle vers l'Océan. Il suffit d'observer les masses considérables de glace que la mer de Baffin et le détroit de Davis charrient périodiquement jusqu'aux grands bancs de Terre-Neuve. La seule banquise qui fit parcourir au lieutenant de Haven près de trois cents lieues vers le sud, embrassait une superficie de trois cents milles carrés environ. En estimant à sept pieds seulement son épaisseur moyenne, c'était donc un poids de vingt billions de tonnes que la mer Glaciale renvoyait d'un seul bloc et à un seul moment de l'année vers l'océan Atlantique. Les plus grands fleuves du monde ne nous apparaissent que comme de bien faibles ruisseaux, comparés à cet immense cours d'eau qui maintient de l'une à l'autre mer un constant équilibre et une communication directe et réciproque.

Il devient dès lors aisé de prévoir quelle peut être l'influence exercée sur l'ensemble des régions polaires, par les réservoirs de chaleur que les eaux équatoriales ne cessent d'y entretenir, à travers les canaux d'une pareille circulation sous-marine. Considérables seront sans doute les pertes occasionnées par le parcours d'un aussi long trajet. Mais en considérant les conditions exceptionnelles de leur point de départ situé dans la zone intertropicale, en tenant compte en outre de la mauvaise conductibilité des milieux qu'elles traversent, et de la difficulté qu'éprouvent à se mélanger entre elles deux masses liquides de densité et de température différentes, on est autorisé à admettre que les contre-courants inférieurs qui s'échappent de l'Atlantique arrivent au terme de leur course avec une température encore fort élevée, relativement à celle des régions qui les environnent. L'étude des lignes isothermes, on le sait, a placé les deux pôles du froid maximum sur le quatre-vingtième degré de latitude, l'un au nord de la Sibérie et l'autre au nord de l'Amérique. Pour le premier, la température moyenne se maintient à quinze, et pour le second à vingt degrés au-dessous de zéro. On comprend alors combien grand doit être le rayonnement calorique qui se manifeste au centre même des régions arctiques, au point de renversement et de transformation que nous avons déjà indiqué pour les eaux équatoriales, qui remontent à la surface. Une différence de plus d'une vingtaine de degrés dans la température doit produire des phénomènes hydrométéorologiques, et déterminer la formation de nuages et d'épaisses vapeurs qui ne peuvent manquer d'établir un singulier contraste avec les horizons uniformes et désolés des glaces éternelles.

Telles sont les dernières conclusions auxquelles on est parvenu, n'ayant que la science seule pour guide, et tel est aussi le sens de toutes les instructions que reçurent, de nos jours, les hardis navigateurs qui se disputèrent le dangereux honneur des missions d'exploration et des expéditions envoyées à la recherche de sir John Franklin.

L'idée de rencontrer une mer libre, au centre même de la zone polaire, est sans doute une idée de nature à vivement frapper l'imagination et à découvrir à l'esprit tout un monde nouveau de conjectures et de rêves. Où vont, en effet, ces nuées d'oiseaux que l'on voit, chaque année, émigrer vers le nord, abandonnant les bords de la rivière de Mackenzie, pour disparaître à l'horizon vers les régions septentrionales? L'instinct qui les dirige ne peut être trompeur. Ne sont-ils pas certains de trouver un ciel plus clément, et ne sont-ils pas sûrs de trouver un abri derrière cette infranchissable barrière que nous offrent, à nous, les abords de ces inhospitalières contrées? La baleine elle-même, la prudente baleine, traquée de toutes parts, semble avoir rencontré, au delà de cette ceinture de glaces, un cercle inaccessible à l'homme où elle peut déposer en paix le fruit de ses amours. C'est dans une pareille mer libre, au centre même de l'océan austral, que le romancier américain Edgar Poë a placé sa mystérieuse histoire de Gordon Pym, et la fantastique apparition de son grand spectre blanc se dessinant au milieu des effluves bleuâtres de l'électricité du pôle négatif. Sous le voile de la fiction, il a su recueillir et résumer les idées qui couvent et qui se propagent, pour ainsi dire, à l'état latent, jusqu'au moment où une rencontre subite, une découverte imprévue les fait jaillir à l'état de lumière et de vérité.

Le lieutenant de Haven, le premier, a signalé à l'extrémité du détroit de Wellington l'apparition permanente d'un épais banc de brume, flottant entre les îles Cornouailles et la terre inconnue qui s'étend vers le nord. L'aspect qu'il présente est étrange. Il s'élève comme un rideau de fumée immobile, comme un nuage de vapeurs congelées; c'est le ciel d'eau, le *watersky* qui reflète les flots et les horizons transparents d'une mer sans limites.

Depuis quelques années, nous l'avons déjà dit, les expéditions au pôle arctique se sont succédé sans relâche. Des deux côtés de l'Amérique, des navires partis de l'Occident et de l'Orient s'avancent vers un but unique, et s'engagent hardiment dans un labyrinthe de glaces, en laissant se refermer derrière eux la formidable barrière qui ne leur a présenté qu'une trompeuse issue. Les progrès sont bien lents, les déceptions nombreuses, les souffrances infinies. En un court espace de temps, les sinistres se renouvellent; près de dix bâtiments ont été abandonnés ou perdus dans leur prison de glaces. N'importe! on avance sans cesse! Rien n'arrête l'élan de ces intrépides explorateurs. Rien ne ralentit l'ardeur de ces martyrs de la science et de l'humanité! En 1854, le docteur Kane part de nouveau de New-York avec toute l'expérience qu'il a pu acquérir dans une précédente expédition (2). A ses yeux, le Groënland s'étend autour de l'Amérique, comme l'île de Négrepont longe, sans jamais la toucher, la côte de la Grèce. Aussi n'est-ce point, cette fois, par le passage nord-ouest qu'il veut se frayer un chemin. C'est droit au nord qu'il marche; c'est par l'extrémité même de la mer de Baffin qu'il faut attaquer la banquise et poursuivre la route que vient déjà de parcourir avec quelque succès son prédécesseur Inglefield. Dans cette direction, en effet, il réussit à pénétrer dans le détroit de Smith, et glissant avec son navire entre les récifs et les glaces amoncelées, il parvint à s'élever, au milieu des écueils, jusqu'à la hauteur du soixante-dix-neuvième degré de latitude nord. Pendant deux ans, il affronta en ce point les rigueurs de ces formidables hivers, où la nuit dure cent vingt jours et où la température s'abaisse jusqu'à la congélation du mercure et de l'alcool.

Pendant les quelques mois trop rapides d'un été glacial, il poursuit dans toutes les directions ses explorations, ses recherches. Comme il l'avait prévu, il constate que la mer de Baffin court directement au nord, entre le Groënland et les nouvelles terres qui ont reçu le nom de Louis-Napoléon. Après des privations sans nombre et des souffrances dont le récit seul épouvante, il arrive, en se traînant, au pied d'une infranchissable barrière hérissée d'aiguilles menaçantes et de glaçons amoncelés. C'est un rempart contre lequel semblent devoir se briser tous les efforts des hommes; c'est le cercle de l'*Enfer* de Dante : « *Che per gielo avea di vetro e non d'acqua sembiante.* » Mais sur la droite s'entr'ouvre une brèche étroite, profonde, tortueuse. Il y pénètre, il la franchit. Étrange et merveilleux fut alors le tableau qui s'offrit à ses yeux! En un instant, il touche à la réalisation de ses rêves. La mer, la mer libre et sans bornes, s'étend enfin tout à coup devant lui! Pas une terre en face! Pas un glaçon à l'horizon! Les bords resserrés du long détroit de Smith, qu'il a suivi pendant quatre-vingts milles, s'élargissent subitement et limitent, en fuyant à l'est et à l'ouest, l'immense nappe à reflets verdâtres, dont les flots soulevés par la brise viennent rouler jusqu'à ses pieds. Des phoques, des loups marins, des nuées d'oiseaux de mer couvrent le rivage. Partout la vie, partout l'influence d'une bienfaisante chaleur rayonnent du sein de cet océan inconnu. C'est bien le vaste réservoir alimenté par les eaux tièdes que l'Atlantique abandonne au contre-courant sous-marin du détroit de Davis. Le flux et le reflux périodiques qu'on y observe indiquent suffisamment d'ailleurs la profondeur de son lit et l'immense étendue de ses bords.

Appréciant, au point de vue scientifique, l'importance que peut avoir la découverte de la partie la plus mystérieuse de notre globe, la Société géographique de Paris vient de décerner le premier de ses prix à l'intrépide explorateur de l'océan Arctique. Malheureusement, ce sympathique hommage n'a pu être qu'un laurier funèbre, qu'une couronne sur un cercueil. Le docteur Kane vient de succomber dernièrement à une maladie contractée dans les glaces; on n'affronte pas impunément d'aussi longues souffrances et d'aussi fortes émotions (3).

Comme on peut en juger, l'Angleterre et la jeune Amérique se sont partagé presque exclusivement, de nos jours, l'honneur des périlleuses expéditions dans la zone polaire. Elles ont ajouté de nouveaux noms illustres à tous ceux qui passent à la postérité, impérissables comme les mers, comme les îles et comme les blocs de granit auxquels ils resteront éternellement attachés.

La marine française, quoique dans de moindres limites, peut cependant revendiquer sa part de sacrifices et s'enorgueillir d'une coopération glorieuse.

Entraîné, dans le cours de cette étude, vers les régions inhospitalières qui furent le tombeau de tant de nobles victimes, pouvons-nous manquer de consacrer un pieux hommage à la mémoire de ce jeune et brillant officier dont le souvenir est encore vivant parmi nous, et dont la fin tragique a excité, en France et en Angleterre, de si sympathiques et si universels regrets? Nous voulons parler de notre jeune et infortuné camarade, Jules Bellot. C'est en portant des dépêches pressées de l'Amirauté, malgré les dangers les plus menaçants, c'est en se dévouant ainsi au salut du capitaine Belcher, emprisonné avec ses deux navires à l'extrémité nord du détroit de Wellington, qu'il disparut à quelques milles de l'île Beechy, dans le gouffre de glace qui s'ouvrit tout à coup sous ses pas. « Généreuse nature, écrivait lady Franklin, vaillant jeune homme que j'aimais comme un fils, et qui représentait si dignement parmi nous l'esprit chevaleresque de ta patrie, tu n'es plus, hélas! Mais tu es mort chéri et admiré de tous, tu es mort en héros, en chrétien. » Il appartenait à une femme de le juger ainsi. Elle avait compris tout ce qu'il y avait de grâce, de valeur et d'intelligence dans ce jeune homme enthousiaste, dont le cœur s'abandonnait à toutes les espérances de l'avenir, et qui sut si dignement conquérir, à vingt-sept ans, la poétique et glorieuse auréole dont son nom restera à jamais entouré.

CHAPITRE DEUXIÈME.

GRANDS COURANTS DE LA MER.

Nature des agents qui concourent à la circulation des eaux. — Influence de la chaleur. — Influence des agents intermédiaires. — Quelle serait la physionomie d'une mer sans sels? — Pourquoi la mer est-elle salée? — Question d'origine. — Témoignage apporté par la géologie. — Preuves fournies par la mécanique céleste. — Que deviennent les matières solides que les pluies entraînent dans la mer? — Travail des madrépores. — Richesse infinie des eaux de l'Océan. — Nouveau champ de recherches. — Concours que les sciences naturelles peuvent apporter à l'étude de la météorologie. — Phosphorescence de la mer. — Taches colorées. — Nappes lumineuses. — Les eaux bleues. — Dernières couches de l'abîme. — Sondages à grande profondeur. — Connaissance du lit de l'Océan. — Importance des résultats obtenus au point de vue de la géologie et de la théorie générale des courants. — Découverte du grand plateau télégraphique entre l'Irlande et Terre-Neuve. — Les travaux du commandant Maury à propos de la pose du câble transatlantique. — Conditions favorables. — Phénomènes électro-dynamiques. — Phénomènes odiques. — Résumé du chapitre. — Toutes les forces de la nature semblent procéder d'un principe unique.

Nous nous sommes attaché jusqu'à présent à faire ressortir l'exactitude du principe posé en commençant, qui établit l'existence d'un contre-courant sous-marin, toutes les fois qu'un courant de surface se manifeste, d'une manière permanente, à un point quelconque de l'Océan. Nous avons même déjà pu reconnaître

l'importance du rôle qui est assigné à ces déplacements
réguliers et l'influence qu'ils exercent sur la température des régions extrêmes de notre globe. Ainsi appelés
à maintenir l'équilibre des mers et à concourir à l'ensemble du système général des harmonies de l'univers,
ils ne peuvent manquer d'obéir à des lois physiques
aussi précises et aussi régulières que celles dont nous
reconnaîtrons les traces dans les régions inexplorées
de l'atmosphère. La goutte d'eau de l'Océan, nous dit
Maury, tout inspiré de la sublime et profonde philosophie du livre de Job, la goutte d'eau de l'Océan ne
peut se soustraire à l'universalité du principe qui fait
mouvoir les mondes répandus dans l'espace. « Quand
l'étoile du matin chante les louanges de Dieu, les va-
gues de la mer mêlent aussi leur voix aux harmonies
de cet hymne divin, et les profondeurs de l'abîme répondent au concert des sphères éternelles. »

Pour arriver à la découverte des lois fondamentales
qui régissent la circulation océanique, il importe de
bien connaître d'abord les causes initiales du mouvement de l'eau et la nature des agents dynamiques qui
l'entretiennent ou qui le déterminent. En ne tenant
compte que de la chaleur, de l'électricité et de la rotation de la sphère terrestre, on est arrivé à une théorie
complète et rationnelle des courants qui se manifestent dans les différentes parties de l'enveloppe atmosphérique. Mais quand nous voulons appliquer les mêmes considérations aux conditions d'équilibre de
l'Océan, nous nous trouvons en présence de nouvelles

forces dont on a peut-être trop souvent méconnu l'importance. Il est bien entendu qu'il ne peut être ici question du mouvement périodique des marées, dont la cause première dépend de l'influence sidérale, et dont l'explication a acquis depuis longtemps toute la précision et toute la netteté d'un théorème astronomique. Nous ne nous occupons pas non plus de l'action directe et unique des vents. Ils peuvent sans doute, par moments et sur un certain nombre de points, occasionner des perturbations accidentelles à la surface des eaux; ils peuvent agiter violemment et bouleverser les couches supérieures, mais ils sont incapables, au delà d'un certain rayon, de communiquer une impulsion durable aux masses profondes qui se déplacent d'une extrémité à l'autre de l'Océan.

C'est à l'intervention d'un agent plus puissant, c'est au développement calorique des rayons solaires que l'on a attribué presque exclusivement, jusqu'à présent, l'origine des courants et des contre-courants dont nous avons partout constaté la marche régulière et simultanée. La chaleur, en effet, semble exercer sur eux une influence tout à fait dominante. Mais son action ne parvient à s'étendre et à se développer complétement qu'à l'aide d'autres agents intermédiaires qui, dans les limites respectives qui leur sont assignées, concourent au même but avec une égale énergie. Nous voulons parler des sels, des plantes et des animaux de toute espèce dont les flots de la mer sont chargés. Au nombre de ces agents indirects, nous pouvons pareillement considérer les vents comme coopérant à la formation des vapeurs dans les régions intertropicales, et à leur précipitation dans les régions plus éloignées de l'équateur. Une image nous permettra peut-être de développer plus nettement notre pensée.

Supposons que la mer, entièrement composée d'eaux douces, se trouve un instant à une température uniforme, au Pôle et à l'Équateur, à la surface et dans les couches les plus profondes. Négligeons l'action des vents qui, à elle seule, ne peut produire qu'un courant très-superficiel, et laissons le soleil apparaître subitement et répandre sur cet océan sans sels et sans vie l'influence toute-puissante de ses rayons. La chaleur pénétrera les couches liquides les plus voisines de l'équateur, elle les dilatera, les élèvera au-dessus de leur niveau primitif, et, par le seul effet de la pesanteur, elle les fera glisser à la surface vers les zones polaires, que l'absence de tout rayonnement calorique tendra, au contraire, à refroidir et à contracter sans cesse davantage. Un échange réciproque s'établira donc des extrémités vers le centre; ou, pour mieux dire, un contre-courant d'eaux froides et lourdes, destiné à remplacer les pertes occasionnées par l'action des rayons solaires, descendra des pôles, tout en se maintenant immédiatement au-dessous du courant chaud et léger qui arrive de l'équateur. Dans un pareil système de circulation générale, la propriété physique que possède l'eau pure d'atteindre son maximum de densité à quatre degrés au-dessus de zéro, produirait les plus singulières conséquences. Que l'on élève, en effet, ou que l'on abaisse la température au-dessous de ce point, l'eau devient toujours plus légère et tend, dans les deux cas, à monter vers les couches supérieures. Par conséquent, le courant équatorial, qui s'avance vers le pôle, ne pourrait se maintenir à la surface qu'autant que la température ne s'abaisserait pas jusqu'à quatre degrés au-dessus de zéro. En arrivant en effet au point de sa plus grande densité, il prendrait immédiatement la place du contre-courant polaire, qui, plus froid, plus voisin de la glace, mais précisément plus léger, cesserait, dès ce moment, de demeurer dans les couches inférieures. Il se produirait donc là un double mouvement d'ascension et de descente, un véritable nœud dans la circulation de notre océan hypothétique. Il est facile de voir qu'un nouveau croisement se manifesterait encore à l'endroit où le courant polaire atteindra, à son tour, le point de densité maximum. Telle est l'étrange physionomie qu'imprimerait à une mer sans sels la loi de l'expansion des eaux par le refroidissement.

Quittant la fiction pour la réalité, nous remarquons d'abord que les eaux saturées de sels n'atteignent plus, qu'à deux degrés au-dessous de zéro, le point de leur plus grande densité ; nous observons en outre qu'elles sont parfaitement susceptibles de renvoyer et de distribuer, jusque dans les couches les plus profondes, la chaleur recueillie à la surface sous l'influence directe des rayons solaires. C'est effectivement à la surface

que l'évaporation exerce principalement son action,
et qu'elle absorbe, à l'état de pureté parfaite, l'eau des
zones tropicales qu'elle a mission de transporter et de
répandre au loin jusque dans les régions voisines des
pôles. Dès lors, les sels abandonnés augmentent rapidement la pesanteur spécifique de la couche superficielle, et ne peuvent tarder à la précipiter au-dessous
des couches inférieures, plus froides, il est vrai, mais
moins saturées et plus légères. Ainsi s'établit, par le
concours d'un agent secondaire, ce continuel mouvement ascendant et descendant qui entraîne dans les
profondeurs de la mer la masse d'eau échauffée à la
surface par le soleil de la zone torride. Ce double courant vertical facilite et prépare la formation du grand
courant horizontal, qui met en communication ces
réservoirs sous-marins de chaleur avec les couches inférieures de la mer Glaciale. Dans le bassin arctique,
en effet, nous avons déjà constaté le volume considérable d'eaux douces que répandent à la surface les
nuages et tous les grands fleuves qui ont leur embouchure au nord de l'ancien et du nouveau continent.
Ces eaux pures, en se mêlant aux flots de la mer polaire, forment une couche saumâtre d'une densité
moyenne, suffisante encore pour se maintenir et s'é-
couler comme courant supérieur vers l'océan Atlantique. Ces mouvements de surface, nous l'avons démontré, déterminent nécessairement dans la région
inférieure des mouvements entièrement contraires.
De là l'origine de ce puissant contre-courant sous-

marin qui remonte le détroit et la mer de Baffin, et va reparaître au sein de la mystérieuse Polynia de Kane, en y répandant les trésors de chaleur dérobés à la surface de la zone intertropicale.

N'est-ce pas à une différence analogue dans la pesanteur spécifique des eaux, que nous avons déjà attribué la cause première des contre-courants qui doublent le cap Horn et la formation de ceux qui s'échappent de Bab-el-Mandeb et de Gibraltar? A ce point de vue, il est impossible d'imaginer un rôle plus actif que celui que jouent les sels dans la circulation océanique. Mais là ne se borne point encore toute la part d'influence qu'ils exercent. Ils remplissent une autre fonction dans l'équilibre général des forces de la nature. Ils sont chargés de régler l'évaporation et de modérer ainsi la condensation des vapeurs et la distribution des pluies à la surface de notre globe. Un mot expliquera la justesse de cette proposition, que le professeur Chapman n'a avancée tout récemment qu'en s'appuyant sur un principe d'une incontestable autorité. Il a démontré, par des expériences réitérées, que « l'eau douce abandonne à l'action du soleil et des vents plus de vapeurs que les eaux salées de la mer n'en perdent dans des conditions identiques; la différence est de cinquante-quatre centièmes pour cent en vingt-quatre heures ». On comprend dès lors quel serait le genre de perturbation auquel pourrait donner lieu l'effet d'une évaporation excessive, si les vents alizés ne rencontraient pas à la surface de l'Océan un obstacle naturel, un véritable frein destiné à s'opposer à une absorption indéfinie de vapeurs, qui ne tarderaient pas à aller se résoudre en pluies diluviennes, dans les régions extratropicales. D'un autre côté, nous comprenons pareillement les précieux effets de la loi qui augmente la densité des eaux superficielles, pour les obliger à descendre et à céder la place aux eaux plus fraîches et plus légères des couches inférieures. L'agglomération, à la surface, des sels abandonnés par l'évaporation entraverait évidemment la production régulière des gaz, altérerait l'état hygrométrique de l'atmosphère, et, modifiant profondément l'ordre périodique des saisons, substituerait aux bienfaits des pluies régulières toutes les horreurs d'une sécheresse sans fin. Ce serait le renversement de l'admirable système des compensations dont nous retrouvons partout les traces, quand nous contemplons d'assez haut l'ensemble des lois de la nature; ce serait une lacune dans les œuvres de Celui qui, selon l'expression du saint homme de Hus, a tracé aux vents, aux pluies et aux tempêtes la voie qui leur est assignée : « *Quando ponebat pluviis legem et viam procellis sonantibus.* »

Présenter ainsi sous ce nouvel aspect les merveilleuses attributions que possèdent les éléments solubles répandus dans les eaux, n'est-ce pas présenter en même temps la plus logique et la plus satisfaisante réponse à cette éternelle question répétée d'âge en âge : Pourquoi la mer est-elle salée? Et cette question de principe et de fond doit nécessairement entraîner la question d'origine : « Depuis combien de temps la mer est-elle invariable dans la constitution physique de ses éléments? »

Maury, partageant d'abord l'idée de Darwin et de quelques philosophes du siècle dernier, pensait que les sels de l'Océan ne pouvaient avoir qu'une provenance unique, celle du lavage des terres par les rivières et les pluies. Cette opinion, qui n'était que la généralisation d'un cas particulier, était fondée sur l'exemple qu'offrent la mer Morte et quelques autres lacs, dont les eaux, sans écoulement au dehors, se saturent nécessairement de tous les sels qu'elles reçoivent. Procédant dès lors par analogie, il considérait la mer comme un lac sans issue, dans lequel les eaux, primitivement à l'état de pureté parfaite, se sont chargées progressivement de tous les corps solubles que les fleuves entraînent.

Maury n'a pas tardé à reconnaître l'erreur de cette première supposition. En avançant dans le cours de ses études spéciales, en groupant ensemble toutes les observations qui lui ont été fournies par les *Winds and Currents Charts*, il a fini par se convertir à l'opinion contraire. Rien en effet, dans l'état actuel de nos connaissances géologiques, ne peut nous autoriser à penser que la mer ait jamais été douce. Pour croire que l'Océan a pu tirer tous ses sels des eaux de nos rivières, il faudrait que les lits mêmes de ces rivières ne portassent pas les traces des sécrétions calcaires et des coquillages marins. Il faudrait que les témoignages de l'immersion primitive de notre globe ne fussent point inscrits en caractères ineffaçables jusque sur les sommets des plus hautes montagnes. « C'est à compter de la retraite générale des eaux, dit Cuvier, que nos fleuves actuels commencent à couler et à entraîner leurs alluvions vers la mer. » C'est à compter du deuxième jour de la création que l'historien sacré place son : « *Fiat firmamentum in medio aquarum et dividat aqua ab aquis* (4). » Maury est trop versé dans la connaissance de l'œuvre génésiaque pour n'être pas frappé de l'accord qui existe encore sur ce point entre le récit biblique et la science contemporaine (5). S'il ne présente pas cette concordance comme une preuve positive en faveur de l'opinion qu'il défend, il est bien plus éloigné encore de la considérer comme une preuve favorable à l'opinion contraire. Du deuxième jour, en effet, date seulement l'introduction de la forme dans la matière, suivant la loi que Bacon appelle *loi sommaire de la nature*, et que Newton généralise et formule sous le nom d'attraction universelle. Mais en avançant dans l'ordre de la création, Maury ne tarde pas à trouver, dans le premier chapitre de la *Genèse*, la démonstration de la vérité qu'il recherche (6). A ses yeux, comme aux yeux de tout philosophe chrétien, la mer n'a pu varier dans sa constitution physique, depuis la cinquième époque du monde, depuis le jour où Dieu lui ordonna « de se remplir de tous les animaux qui vivent et qui se meuvent dans les eaux ». Une certaine partie de ces animaux primitifs a complétement disparu, il est vrai ; mais en revanche, il en reste un nombre bien plus considérable, vivant encore de nos jours dans des conditions identiques à celles où il se trouvait à l'époque des plus anciennes révolutions du globe. C'est Cuvier qui l'affirme : « La comparaison la plus scrupuleuse, dit-il, ne nous montre pas la moindre différence entre les coquilles fossiles et celles que la mer nourrit dans son sein ; leur conservation est parfaite. » Dès lors, n'est-on pas en droit de penser que la mer est restée invariable dans sa composition, et que la densité de ses eaux ne tend pas à s'accroître avec le cours des siècles? Telles sont les considérations purement géologiques qui ont conduit le commandant Maury aux mêmes conclusions auxquelles il parvient également en suivant un tout autre ordre d'idées. Il calcule approximativement la masse totale des sels répandus dans la mer, et il démontre que le poids d'une pareille masse solide n'aurait pu être entraîné de dessus la croûte terrestre et se répandre, à un mille environ au-dessous du niveau actuel de la mer, sans que son déplacement altérât la position du centre de gravité de notre planète. Comme on le voit, c'est ramener la question à un simple calcul de mécanique céleste. Dans ses appréciations, Maury estime à deux milles la profondeur moyenne de l'Océan, et à trois et demi pour cent la proportion des sels qu'il renferme. Ces éléments de calcul, réunis à la connaissance exacte de la superficie générale des eaux, lui permettent de mesurer le volume qu'occuperaient tous les sels de la mer, s'ils se trouvaient agglomérés en une seule masse. Il le représente comme une immense montagne cubique, dont la base recouvrirait, par exemple, toute l'Amérique septentrionale, et dont la partie supérieure ne s'élèverait pas à moins de quinze cents mètres de hauteur. En se dissolvant dans les eaux, une pareille masse n'en changerait pas le volume, mais en modifierait considérablement la densité.

Quelle que soit la méthode suivie pour résoudre cette question d'origine, il nous reste encore à répondre à une nouvelle question qui se présente naturellement à l'esprit. Puisque l'état physique de la mer ne change pas, et en même temps, puisque l'action combinée du soleil et des vents n'absorbe et ne déplace que de l'eau à l'état de pureté parfaite, que deviennent alors tous les sels abandonnés par l'évaporation? En d'autres termes, quelle est la voie d'extraction offerte à toutes les matières solubles que les rivières et les pluies ne cessent d'entraîner au sein de l'Océan? Ici encore nous nous trouvons en présence d'un système de compensations, dont nous rencontrons la preuve toutes les fois que nous cherchons à pénétrer le sens des lois de la nature. La plupart des sels qui résultent du lavage des terres sont à base de chaux. Ils participent au mouvement de la circulation générale, et parviennent ainsi infailliblement à se mêler aux eaux tièdes des zones les plus voisines de l'équateur. Là, sous l'influence d'une température élevée, d'innombrables agents sont constamment à l'œuvre. Ils s'emparent des éléments solides, et principalement des matières calcaires que leur apportent les courants ; ils les absorbent, se les assimilent et les transforment en perles, en coquilles et en bancs de coraux, dont les innombrables ramifications embrassent et recouvrent le fond des mers soumises à l'action du soleil des tropiques. Dans de pareilles conditions, le travail des madrépores est incessant. Leurs cellules se multiplient, leurs habitations se groupent, s'enchevêtrent, se superposent en couches épaisses et profondes. Elles atteignent enfin la surface, et, arrivées en ce point qu'elles ne peuvent franchir, elles sont destinées à servir de base à de nouvelles îles, à de nouveaux archipels et à de nouveaux continents peut-être, qui, lavés à leur tour par l'eau des pluies et des rivières, renverront au sein de l'Océan toutes les matières solubles qui en avaient été extraites. Comme on le voit, le cercle est accompli ; la compensation est des plus parfaites.

Devant d'aussi gigantesques ouvrages, surgissant, pour ainsi dire, du sein des mers, comment pourrait-on nier la puissante intervention de ses habitants ? Comment méconnaître la dévorante activité de ces microscopiques animalcules dont les eaux semblent littéralement composées ? Inimaginable est leur nombre ; inconcevable leur fécondité. Ce sont les flots animés de l'Écriture ; c'est l'infini vivant dont parle M. Michelet. Mais là, évidemment, ne peut pas se borner la seule mission de ces mystérieux constructeurs de l'abime. Considérons en effet isolément, au fond des mers, un de ces architectes imperceptibles : il s'empare des éléments solides en suspension dans l'eau ; il les élabore, les triture dans un estomac annulaire d'une inconcevable puissance ; il les transforme enfin et en extrait les sécrétions calcaires destinées à embellir et à étendre le palais de corail qui lui sert de demeure. Cette sécrétion permanente, ce travail continuel d'extraction parait être une des fonctions les plus importantes et une des conditions premières de son existence. Mais la goutte d'eau au centre de laquelle il opère, et dont il vient d'épuiser toute la partie minérale, ou tout au moins toute la substance calcaire, cette goutte d'eau, disons-nous, est nécessairement rendue de plus en plus légère. Sous la pression uniforme des molécules plus denses qui l'environnent, elle tend à monter et à s'élever jusqu'à la surface avec une vitesse accélératrice croissante. Or, les couches supérieures soumises à l'action absorbante des vents, enrichies de tous les sels abandonnés par l'évaporation, tendent au contraire à descendre pour venir renouveler les approvisionnements de nos infatigables ouvriers. C'est donc une nouvelle source de mouvement et de vie qui se manifeste au milieu des eaux. C'est un nouvel agent dynamique qui entretient et qui accélère le double courant vertical dont nous connaissons déjà l'origine, et dont l'influence se fait directement sentir dans la circulation générale de l'Océan.

On peut remarquer ici comment l'enchaînement successif de nos recherches nous a conduit logiquement à tenir compte de l'action mécanique développée par tous les êtres organisés qui peuplent le sein de l'Océan. On ne nous objectera pas que nous avons établi notre raisonnement sur l'existence de molécules atomistiques et sur les propriétés de corps infiniment petits. Le calcul infinitésimal ne sert-il pas de base aux sciences les plus positives et les plus transcendantes? Et d'ailleurs, sous le rapport du travail accompli, l'intégration des éléments différentiels qui nous ont servi de point de départ, n'est-elle pas représentée à nos yeux par la construction d'une des parties les plus notables de notre globe? Dès lors, qu'y a-t-il de surprenant que l'équivalent mécanique de la force ainsi développée soit capable de remuer l'Océan jusque dans les couches les plus profondes?

Ces couches, nous l'avons déjà dit, fourmillent d'animaux microscopiques, d'atomes animés. Rien n'est digne vraiment de fixer l'attention comme cette profusion d'êtres vivants, dont l'organisme, pour n'être qu'imparfait, n'en est cependant pas moins délicat et infiniment varié. Ainsi que l'observe Darwin, vides et désertes nous apparaissent les forêts terrestres, à côté de l'exubérance de mouvement et de vie que présente la luxuriante végétation sous-marine, depuis les grandes herbes qui couvrent les bas-fonds, jusqu'à ces immenses bancs de fucus flottants, véritables prairies de la mer, *praderias del mar*, comme les appelèrent les compagnons de Christophe Colomb. Là s'étalent et se déroulent ces myriades d'insectes, de coquilles et de mollusques, qu'il n'est point donné à l'œil de l'homme de compter. C'est le monde infini des brillants scarabées qui peuplent le fond de l'Océan : crabes bronzés, astéries rayonnantes, actinies péla-giennes, porcelaines neigeuses, cyclostomes dorés, agatines de pourpre, volutes ondulées, doris aux bords saignants, tout vit, tout se meut, tout s'agite sous ces tapis de mousse et de lichen, où la nature semble cacher ses vivants écrins d'émeraudes, de topazes, d'améthystes et de rubis phosphorescents.

Dans les couches les plus profondes, à des distances où les plus grandes sondes sont à peine arrivées, les flots sont encore tout peuplés d'infusoires sans nombre, de vers polygastriques dont le microscope seul peut nous révéler l'infinie variété. C'est là que pullulent tous les animalcules lumineux, les mammaria, les cycli-dies, les néréides, et tous ces brillants essaims que certains phénomènes météorologiques attirent à la sur-face et transforment en flots d'écume étincelante. L'abondance de ces petits êtres vivants est si grande, nous dit Humboldt, que leur rapide décomposition produit, à la surface, un liquide nutritif destiné à l'alimentation des grands poissons et des plus gigan-tesques cétacés.

Dans un espace capable de contenir, et au delà, nos quatre continents, les eaux tièdes fourmillent d'organismes naissants ; leur masse devient parfois si compacte, qu'elle change complétement l'aspect et la couleur de l'eau. Dans l'océan Indien, surtout, ces taches sont fréquentes ; elles s'étendent souvent au delà de la portée de l'œil.

Quelle est leur origine? quelle est la cause de leur apparition à la surface de l'Océan ? Telles sont les questions que les navigateurs se sont posées bien souvent. Le Congrès scientifique de Bruxelles les a considérées comme tout à fait dignes d'intérêt, et en a recommandé l'étude attentive aux observateurs.

Nous citerons à ce sujet une relation assez remarquable, extraite du journal d'un capitaine américain :

« Dans la soirée du 17 juillet 1854, et à l'entrée du golfe de Bengale, le capitaine Kingman vit tout à coup l'eau changer de couleur autour de son navire. La sonde, cependant, n'accusait aucun fond. L'eau devenait de plus en plus blanchâtre. Il en fit prendre un seau, qu'il examina avec soin. Il observa que le liquide qu'il avait sous les yeux n'était composé que d'une infinité d'animalcules qui, en s'agitant, produisaient les effets lumineux les plus étranges. A l'aide d'une loupe, et près d'une lumière, on n'apercevait qu'une masse incolore et gélatineuse.

» Au milieu de cette tache blanche, longue de plus de trente milles, le navire filait neuf nœuds, sans que le *remous* du sillage produisît aucun bruit. Les flots de l'Océan se déroulaient comme les sillons d'une vaste plaine recouverte de neige. Bien qu'il n'y eût pas un nuage dans l'air, à plus de dix degrés au-dessus de l'horizon, le ciel était sombre et sans étoiles ; la voie lactée avait disparu ; au zénith, les plus brillantes étoiles scintillaient à peine.

» Le spectacle était d'un imposant effet : cette mer lumineuse, sous un ciel de plomb, rappelait les cercles de Dante et les visions de l'Apocalypse.

» Après avoir franchi cette tache phosphorescente, les cieux reprirent peu à peu leur limpidité, mais conservèrent, à quelques degrés au-dessus de l'horizon, des reflets rougeâtres, semblables à l'*illumination* qui indique le commencement d'une aurore boréale. »

Dans les régions supérieures, au milieu de cette nappe resplendissante, toute palpitante de vie et d'amour, flottent les essaims de nautiles légers, les méduses transparentes et rosées, la cyanée bleuâtre, et la janthine, qui abandonne au vent sa voile de carmin. Vers quel point de l'Océan voguent ces gracieux argonautes et tous ces microscopiques navigateurs ? Certes, ce n'est point au hasard qu'ils dirigent leur course. Nous sommes trop habitués à constater et à admirer, jusque dans les moindres détails, l'harmonie des lois de la nature, pour pouvoir douter ici de l'intervention de la suprême sagesse. A cet égard, d'ailleurs, les preuves irrécusables ne nous font pas défaut 7). Parmi les coquilles vivantes de foraminifères qui descendent avec le flot polaire des régions antarctiques, une partie, une quarantaine d'espèces environ, dévie à l'occident, emportée par le courant qui longe, à partir du cap Horn, la côte d'Amérique. L'autre partie, au contraire, composée à peu près d'autant d'espèces entièrement distinctes, prend la direction opposée pour pénétrer dans l'Atlantique, en s'élevant tout le long des côtes du Brésil. Quelle est la main mystérieuse qui opère au sein des eaux ce merveilleux partage? Quel est le conducteur qui guide, à coup sûr, dans leur route, ces microscopiques habitants de l'abîme? La connaissance des régions d'où ils partent, l'examen attentif des parages qu'ils traversent, l'observation des lieux où viennent s'entasser, en dunes sablonneuses, leurs dépouilles inanimées, nous offrent autant d'éléments précieux et de points de repère qui doivent nous conduire un jour à la découverte complète des lois de la circulation océanique. On comprend dès lors le concours que les sciences naturelles peuvent apporter à l'étude de la géographie physique de la mer. C'est à ce titre que les sondages à grande profondeur, obtenus récemment à l'aide de l'appareil Brooke, nous fournissent des résultats vraiment dignes de fixer l'attention des naturalistes et des marins.

On se rappelle les insurmontables difficultés contre lesquelles avaient constamment échoué les tentatives et les combinaisons les plus ingénieuses, toutes les fois qu'on avait cherché à atteindre, au milieu des *eaux bleues*, l'écorce solide de notre globe. Si grande était la pression des courants sous-marins sur la ligne de sonde, qu'on ne pouvait la retirer sans rupture, et aucun indice d'ailleurs ne marquait le moment où le plomb arrivait au terme de sa course. Aussi ne possédait-on jusqu'ici que des données incertaines et des opinions erronées sur la nature et la profondeur du lit de l'Océan. Comme toutes les idées pratiques vraiment supérieures, celle de l'aspirant américain se distingue de toutes les tentatives qui l'ont précédée, par son étonnante simplicité. Elle consiste uniquement en un mouvement de déclic, qui laisse échapper le plomb ou le boulet directeur au moindre choc contre un obstacle qu'il rencontre. Dès qu'il parvient au fond, ce nouvel appareil ne conserve donc plus, à l'extrémité de la ligne de sonde, qu'une tige légère, qui remonte en emportant l'empreinte du corps qu'elle a touché. C'est ainsi qu'on est parvenu à mesurer avec une suffisante justesse les plus profondes vallées de l'Atlantique. On les a rencontrées au sud des bancs de Terre-Neuve, et leurs dernières cavités ne descendent guère au delà de sept ou huit mille mètres au-dessous de la surface de l'Océan. Mesurée sur une verticale, cette distance de deux lieues de poste représente exactement la hauteur à laquelle s'élève au-dessus du même niveau le sommet neigeux du Chimboraço.

Telles sont les profondeurs jusqu'où le plomb de Brooke est allé explorer le lit de l'Océan. Les spécimens qu'il en rapporte sont intacts ; contrairement aux croyances admises, ils n'appartiennent point au règne minéral, bien moins encore au règne végétal. Tous portent les traces de la vie, de la vie rapide et éphémère qui envahit et qui recouvre de ses dépouilles les cavités profondes au sein desquelles reposent immo-

biles les dernières couches de la mer. Tous ces spécimens sont exclusivement composés des coquilles calcaires de foraminifères, et de quelques rares coquilles
siliceuses de diastomacés. Ce sont les éléments primitifs du sable vivant, de la poussière organique qui a
fourni les terrains crétacés répandus en si grande
abondance dans les contrées européennes. Tout Paris,
on le sait, est bâti avec les débris de ces microscopiques organismes.

Sur d'autres points, dans l'océan Indien, par exemple, les sondages à grande profondeur ont accusé partout la présence d'immenses polypiers dont la formation caractéristique se confond avec celle des terrains
jurassiques de la Grande-Bretagne. Des roches de
même nature et presque entièrement composées de coraux se rencontrent aussi en France, mais surtout en
Suisse et en Allemagne, où, en se développant à travers la Souabe et la Franconie, elles dessinent une
chaîne de montagnes tout à fait analogue au grand
banc de la Nouvelle-Hollande, dont les dernières sondes viennent de constater le prolongement jusque dans
les plus grands fonds de la mer de Corail 8).

Nous avons déjà dit que tous les spécimens obtenus
à l'aide de l'appareil de Brooke nous arrivaient dans
un état parfait de conservation. Soumises au microscope, les petites coquilles de foraminifères nous apparaissent blanches et pures comme la neige des montagnes. Leurs arêtes sont vives, leurs pointes les plus
fines sont encore entièrement intactes. Rien n'indique

la moindre altération, la moindre usure, le plus léger
frottement contre le fond sur lequel elles reposent.
Elles semblent y avoir été déposées mollement et complétement à l'abri de l'action corrosive des eaux mou-
vantes de l'Océan. Tout concourt donc à nous démontrer l'existence d'un calme absolu et d'un véritable
coussin d'eau dormante interposé entre le fond des
hautes mers et les régions agitées où se croisent et se
divisent les courants et les contre-courants. C'est ainsi,
nous dit Maury, que lorsque les grandes vérités de la
nature sont enfin mises au jour, elles apparaissent si
évidentes et si claires, qu'on se demande comment le
plus simple des raisonnements ne les a pas fait découvrir plus tôt. On est surpris de n'avoir pas deviné qu'il
ne pouvait en être autrement. Comment, en effet, des
courants aussi impétueux et aussi puissants que le
Golfstrim, par exemple, pourraient-ils labourer impunément le lit de l'Océan, sans y creuser des sillons de
plus en plus profonds et sans altérer rapidement sur
leur passage la croûte solide de notre globe. L'aspect
de ces atomes immaculés recueillis sous une nappe
d'eau de plus de huit kilomètres d'épaisseur nous fait
imaginer, dit encore le commandant Maury, que, semblable aux épaisses nuées qui flottent sur nos têtes
pendant les jours d'hiver, la mer laisse tomber continuellement une pluie de coquilles qui s'amoncellent
sur son lit et qui recouvrent les débris de naufrages,
comme les flocons de neige ensevelissent sous un lin-
ceul glacé le corps du voyageur perdu dans les tem-

pêtes. Les cavités extrêmes de l'Océan ressemblent aux derniers sommets des montagnes. Comme eux, elles dépassent la région des orages; comme eux, elles disparaissent enveloppées d'un éternel manteau.

Ces considérations, auxquelles on ne peut refuser un véritable caractère d'originalité et de grandeur, rencontrent aujourd'hui une application d'un intérêt pratique immédiat. Elles ont servi de guide dans l'exploration du grand plateau qui s'étend dans l'Atlantique, entre l'Irlande et Terre-Neuve, et que la nature semble avoir disposé tout exprès pour recevoir le fil électrique qui relie les deux mondes. La distance entre les deux rivages, suivant l'arc du grand cercle, est de seize cents milles. La profondeur moyenne ne dépasse pas sept ou huit mille pieds. Ce soulèvement de la croûte terrestre découvert, au fond de l'Océan, n'offre rien d'étonnant quand on observe avec quelle régularité il traverse les trois continents, entre le cinquantième et le quarante-cinquième degré de latitude nord. Entre ces parallèles, en effet, nous rencontrons d'abord les îles Britanniques, puis la grande ligne de partage qui sépare le bassin arctique des cours d'eau qui descendent vers les régions méridionales. Plus loin, des chaînes de montagnes et des steppes élevées traversent l'Asie de l'ouest à l'est, et ne s'abaissent qu'en approchant des bords du Pacifique. Dans le grand Océan, nous ne perdons pas complétement les traces de cette longue chaîne, dont les îles Aléoutiennes représentent les derniers sommets. Enfin, coupant l'Amérique dans cette direction, nous reconnaissons encore la ligne des plateaux élevés qui séparent les rivières du sud de celles qui descendent vers l'océan Polaire.

Dans la grande entreprise du télégraphe transatlantique, les documents extraits de l'ouvrage des *Sailing Directions* ont acquis une importance qu'il est facile de comprendre. Grâce aux méthodes du commandant Maury, on a pu déterminer quel était le mois de l'année dans lequel se rencontrent, en plus grand nombre, les conditions favorables à la navigation toute spéciale qu'il s'agissait d'accomplir pour relier directement, par un fil conducteur, les deux extrémités d'un même arc du grand cercle. Ce n'était qu'un problème de probabilité qu'on avait pu se poser, et la solution à laquelle on s'est rigoureusement arrêté a indiqué la seconde partie de juillet comme l'époque où, dans toute l'étendue de ce long parcours, il y avait le moins de chances de rencontrer des brumes, des glaces et des tempêtes.

Les connaissances acquises aujourd'hui sur l'état du fond des hautes mers ont servi également à modifier nos idées, au sujet des meilleures proportions à donner au câble télégraphique sous-marin. Ce sont des dimensions exagérées qui ont paralysé les premiers efforts tentés pour relier l'Afrique à la Sardaigne, par des fonds de près de quatre kilomètres. Le câble bardé de fer, d'un poids immense et d'une force capable de retenir les plus grands navires, a été constamment brisé par les orages, par les courants ou par la violence des chocs, dans les coups de tangage. Dans la plupart des tentatives infructueuses qui se sont succédé, les mêmes causes ont dû produire les mêmes résultats. Le fil du télégraphe n'est destiné qu'à franchir, en flottant, sans efforts, les régions agitées de la mer, pour descendre et venir reposer au fond des eaux tranquilles qui couvrent le lit de l'Océan. Aussi, ne doit-on pas songer à combattre de front la pression des courants. Il faut leur céder à propos; toute résistance directe devient chose insensée. Il est bien entendu qu'il ne peut être ici question que des grands fonds, des *eaux bleues* de la Méditerranée et de l'Océan. Les conséquences ne sont plus les mêmes dès qu'on approche du rivage, ou quand il s'agit de traverser des mers peu profondes, telles que la Manche ou la mer Rouge, par exemple, dont le lit n'est point à l'abri des agitations accidentelles qui se manifestent à la surface. Ces idées, que le temps et l'expérience n'ont pas manqué de faire prévaloir, nous permettront de ne recourir désormais qu'à de légers fils conducteurs, munis simplement de leur gaine isolante, et débarrassés de la lourde enveloppe métallique qui en a rendu la pose dangereuse et même impraticable. Indépendamment du poids et de la résistance inopportune qu'elle présente, cette armature extérieure est la source des courants d'induction, dont l'action constamment contraire doit nécessairement affaiblir l'intensité du courant principal. Quelle est la part d'influence qu'une pareille garniture métallique a pu exercer dans le fâcheux accident qui a interrompu brusquement la communication du télégraphe trans-atlantique? Telle est la question que plus d'un esprit sérieux s'est adressée sans pouvoir y répondre.

En résumant l'ensemble des considérations auxquelles nous nous sommes arrêté dans nos recherches sur les courants de la mer et sur les causes qui les déterminent, nous n'avons eu égard qu'à la chaleur, aux vents, aux sels et aux innombrables myriades d'êtres organisés, dont l'action se trouve répandue, pour ainsi dire à l'état latent, dans les eaux qu'ils ont envahies. Pour concourir à une œuvre unique comme l'est celle de la nature, tous ces agents divers doivent être nécessairement unis par un lien commun, tous doivent dériver d'une même origine, que l'état actuel de la science nous laisse pressentir, mais qu'il ne nous permet pas encore d'invoquer à notre aide. Ainsi, quand nous considérons l'action dynamique développée, dans des conditions très-secondaires, il est vrai, par les infiniment petits qui peuplent l'Océan, nous nous trouvons dans un ordre d'idées déjà suivi par quelques naturalistes français, qui ont attribué à l'intervention du grand agent universel, nous voulons dire de l'électricité, l'influence fiévreuse et morbide que répandent les marais, les eaux stagnantes, et en général les côtes des régions intertropicales. A leurs yeux, une action électro-magnétique serait produite par les plantes et par les animaux que les eaux, placées dans de pareilles conditions, renferment en si grande abondance.

Comme on le voit, c'est un premier anneau de la chaîne qui doit rattacher les phénomènes électrodynamiques à la circulation et à la vie de l'Océan. L'âme de ce monde, disait Kepler, est consubstantielle au feu et à la lumière (9). Mais ce lien est rendu plus apparent encore par les belles expériences que le baron de Reichenbach poursuit en ce moment sur les phénomènes *odiques* et sur les merveilleux résultats qui doivent en être les conséquences les plus directes. Les corps cristallisables, les plantes et principalement les êtres organisés, sont entourés d'une auréole lumineuse qui leur est propre, et dont l'intensité, le rayonnement et la polarisation paraissent suivre les lois des émanations du fluide électrique. Tel est le principe des découvertes qui préoccupent à cette heure l'Allemagne savante, et qui semblent devoir nous mettre de plus en plus sur les traces de l'agent mystérieux qui régit l'univers. Toutes les forces, en effet, procèdent d'un seul principe; elles ne sont que les actions diverses d'une même puissance (10). Leur métamorphose et la loi de leur équivalence nous donnent ce que les philosophes ont si longtemps cherché, et ce que Geoffroy Saint-Hilaire proclame comme le but unique des sciences de la nature. C'est la pensée que l'illustre professeur de Tubingue, le grand révélateur des mouvements célestes, a résumée ainsi, depuis bientôt trois siècles : « Puisque Dieu est une intelligence unique, le caractère des lois qu'il a données au monde doit être l'unité et l'universalité. »

CHAPITRE TROISIÈME.

LE GOLFSTRIM.

« Il est un fleuve au sein des mers. » — Description sommaire. —
— Rapidité. — volume, — couleur, — température et action galvanique du courant. — Le Golfstrim n'est point un phénomène accidentel et isolé au milieu de l'Océan, — courbure qu'il décrit, —
opinions erronées sur sa mystérieuse origine. — Hypothèse de
Franklin. — Le Golfstrim, loin de couler sur un plan incliné,
semble remonter une pente rapide, — couche isolante qui le sépare du lit de l'Océan. — Traces des eaux froides du grand courant
polaire. — Effets de la rotation terrestre sur la direction du Golfstrim. — Déviation analogue observée sur le Mississipi et sur quelques lignes de chemins de fer, — application de la loi générale de
M. Foucault. — Contre-courant froid qui baigne l'Amérique. —
Rencontre du Golfstrim et du grand courant de la mer de Baffin.
— Déviation à l'est. — Lieu d'aboutissement des glaces. — Formation des bancs de Terre-Neuve. — Blocs erratiques. — Bifurcation
du Golfstrim. — Itinéraire des deux branches. — Rencontre du
courant équatorial. — Mer de Sargasse. — Méridien magnétique.
— Bienfaisante action du Golfstrim sur la température du golfe
du Mexique. — Dilatation des eaux du courant et double courbure
de la surface. — Influence que sa température exerce sur le climat
de la Grande-Bretagne. — Côtes occidentales de l'Europe. — Contraste avec les pays situés au centre des masses continentales. —
Brumes de Terre-Neuve. — Tempêtes dont le lit du Golfstrim est
le siège. — Observations de M. Redfield sur les sinistres de 1854.
— Épisode de San-Francisco.

« Il est un fleuve au sein de l'Océan. Dans les plus
grandes sécheresses, jamais il ne tarit; dans les plus

grandes crues, jamais il ne déborde. Ses rives et son lit sont des couches d'eaux froides, entre lesquelles coulent à flots pressés des eaux tièdes et bleues. C'est le Golfstrim [1] ! Nulle part dans le monde il n'existe un courant aussi majestueux. Il est plus rapide que l'Amazone, plus impétueux que le Mississipi, et la masse de ces deux fleuves ne représente pas la millième partie du volume d'eau qu'il déplace. » Telle est la description sommaire et caractéristique par laquelle M. Maury commence le chapitre qu'il consacre à l'étude du puissant courant qui, du milieu des bancs de Bahama, s'élance à travers l'Océan, remonte au nord, s'infléchit à l'est, et vient atteindre les côtes de l'Europe, en conservant intactes et distinctes les eaux qu'il entraîne avec lui dans un trajet de plus de mille lieues. A sa sortie du golfe du Mexique, la largeur du Golfstrim est de quatorze lieues, sa profondeur de mille pieds, et la rapidité de son cours, qui s'élève d'abord à près de huit kilomètres par heure, diminue peu à peu, en conservant toutefois une vitesse relative encore considérable dans toute l'étendue de son vaste parcours.

Sa température, beaucoup plus élevée que celle des milieux qu'il traverse, ne varie que d'un demi-degré par centaine de lieues. Aussi parvient-il, en hiver, jusqu'au delà des bancs de Terre-Neuve, avec les abon-

---

[1] Nous avons adopté pour l'orthographe de ce mot celle qui rend le mieux la prononciation anglaise du mot *Gulfstream*.

dantes réserves de chaleur que ses eaux ont absorbées
sous le soleil des zones tropicales. Alternativement
plongé dans le lit du courant, ou en dehors des limites
qu'il suit, le thermomètre indique des écarts de douze
et même quelquefois de dix-sept degrés. Comparés à
l'état de l'air environnant, le contraste est plus frappant encore. Au delà du quarantième parallèle, lorsque l'atmosphère se refroidit parfois jusqu'au-dessous
de la glace fondante, le Golfstrim se maintient à une
température de plus de vingt-six degrés au-dessus de
ce point. Dans de pareilles conditions, on comprend
l'influence directe et dominante qu'il ne peut manquer
d'exercer sur les phénomènes météorologiques des régions qu'il traverse et des continents qu'il avoisine.
Enfin ses eaux, comme celles de toutes les mers très-
riches en matières salines, se distinguent par leur
teinte foncée et par leurs beaux reflets bleus, se dessinant en lignes nettes et tranchées sur le fond moins
azuré des eaux communes de l'Océan.

Mais ce n'est pas seulement au point de vue de la
rapidité, ni sous le rapport de la température et de la
couleur de ses eaux, que le Golfstrim se présente à
nous avec un caractère essentiellement distinct et ori-
ginal ; il possède encore d'autres propriétés qui, pour
être moins apparentes, méritent cependant de fixer
l'attention, et sont de nature peut-être à ouvrir
un champ fécond à de nouvelles investigations scientifiques.

Ces eaux sont soumises à une influence galvanique

qui se manifeste énergiquement sur les plaques métalliques dont on recouvre la partie immergée des navires, pour la soustraire à l'action immédiate des sels de la mer. Dans le Golfstrim, cette action est plus prompte et plus corrosive que dans les autres régions de l'Océan. Cette remarque, nous pourrions dire cette découverte, est le résultat des expériences et des observations recueillies avec le plus grand soin, pendant une période de plus de dix années consécutives, par le secrétaire de la marine aux États-Unis.

Ainsi, à peine entré dans l'étude d'un des plus puissants courants qui sillonnent le sein des mers, nous rencontrons déjà les traces de l'agent universel dont nous avons laissé pressentir l'influence, quand nous avons cherché à remonter aux causes premières du mouvement et aux lois générales de la circulation des eaux de l'Océan.

Sur la foi de quelques auteurs, nous avons invoqué à notre aide, dans des limites très-restreintes, il est vrai, l'intervention des forces électrodynamiques, développées par les innombrables êtres organisés dont fourmillent les flots des régions intertropicales. Or, précisément ici, tandis que nous constatons d'une part l'action galvanique que le Golfstrim exerce sur le doublage en cuivre de la carène des vaisseaux, nous reconnaissons en même temps la prodigieuse abondance d'organismes vivants que ses eaux reçoivent de la mer du Mexique, et qu'elles entrainent vers les régions extratropicales, jusqu'au delà des bancs de Terre-

Neuve. Un tel rapprochement, sans doute, n'est pas suffisant pour établir à lui seul un principe; mais il est digne de fixer nos regards; il est peut-être destiné à servir de jalon et de point de départ pour diriger un jour la science dans une voie nouvelle.

Quand on examine avec soin les singulières propriétés qui donnent au Golfstrim une si étrange physionomie, il est impossible de les considérer comme un simple phénomène accidentel et isolé au sein de l'Océan. La mer, en effet, a été créée par une intelligence unique : elle est l'expression d'une seule pensée; l'œuvre qu'elle remplit est donc une œuvre unique, accomplie dans le but d'établir l'équilibre entre l'air et les eaux, par suite, destinée à maintenir dans les conditions les plus avantageuses l'état physique de notre planète, la fécondité de son sol et l'existence de ses habitants. Les courants de la mer, les sels, les plantes et les animaux même sont les divers rouages, merveilleusement adaptés à ce grand mécanisme, dans lequel le Golfstrim nous représente un des premiers organes et un des ressorts les plus importants. Désormais, ce n'est plus à nos yeux un simple cours d'eaux chaudes, traversant au hasard l'Océan. Comme tous les agents que la nature emploie, il a une mission à poursuivre, un rôle important à remplir. Aussi rien ne peut l'écarter du but qu'il doit atteindre. Sa route est immuable; elle est tracée d'avance, aussi précise, aussi nettement indiquée que l'orbite elliptique que décrit la planète autour de son foyer. Comme la cha-

leur, la lumière et l'électricité, en un mot, comme
tous les fluides en mouvement que nul obstacle n'arrête, les eaux du Golfstrim suivent la ligne la plus
courte que l'on puisse tracer du lieu de leur naissance
au terme marqué pour accomplir leur tâche. Sur notre
globe, on le sait, la plus courte distance entre deux
points donnés est un arc de grand cercle; cette courbe
est précisément celle que décrit le courant qui sort de
Bahama, relie Terre-Neuve aux îles Britanniques, et
va se perdre dans les régions polaires, en contournant,
au nord, l'Europe occidentale. Considéré de ce point
de vue, aussi juste qu'élevé, le Golfstrim nous apparaît enfin dépouillé de toutes les fictions étranges dont
on s'était plu à entourer sa mystérieuse origine. On
avait cru d'abord qu'il était alimenté par les eaux que
le Mississipi apporte dans la mer du Mexique, et qu'il
représentait ainsi le cours de ce grand fleuve, indéfi-
niment prolongé à travers l'Océan. Une opinion pareille ne pouvait prévaloir qu'à une époque où des
observations précises n'avaient point encore fait connaître les proportions exactes de l'immense volume
d'eau qui s'échappe par le passage ouvert entre la Floride et Cuba. On avait également cherché à expliquer
la cause première du Golfstrim, à l'aide d'une théorie
plus ingénieuse que positive, uniquement fondée sur
le mouvement du soleil autour de l'écliptique. Franklin lui-même ne s'appuyait que sur une pure hypothèse, que nos connaissances actuelles ont en partie
détruite, quand il attribuait à l'action permanente des

vents alizés du nord-est une influence capable de refouler les eaux équatoriales dans le fond de la mer des Antilles, et quand il supposait cette influence assez considérable pour leur communiquer la direction et la vitesse dont elles restent animées pendant tout le cours de leur immense trajet. Si telle pouvait être, en effet, la véritable cause de leur impulsion première et de leur mouvement initial, pourquoi demeureraient-elles si longtemps sans fusion, sans mélange, au milieu des eaux communes de l'Océan? Et d'ailleurs, comment expliquerait-on par la seule influence du vent la formation du grand courant polaire qui, par le détroit de Davis, descend vers le sud dans une direction précisément contraire à celle du Golfstrim?

C'est dans le nord de Terre-Neuve qu'a lieu la rencontre de ces puissantes masses. Le courant froid se partage en deux branches, dont une plonge et disparaît en poursuivant sa route au-dessous des eaux chaudes venues de Bahama, tandis que l'autre s'infléchit à l'ouest, longeant dans toutes ses sinuosités la côte occidentale des États-Unis. Puisque ces contre-courants parviennent à se frayer un chemin, malgré la résistance des milieux qu'ils traversent, et malgré l'action dominante et contraire des vents généraux soufflant du sud-ouest, il est bien impossible d'admettre que ce soit aux vents régnants dans les régions polaires que l'on doive attribuer l'impulsion qui se propage et qui se communique ainsi à plus de quinze cents lieues du point où la pression première a commencé à se faire sentir.

Ces mêmes conclusions peuvent servir à combattre, avec un égal avantage, la plupart des assertions à l'aide desquelles on a cherché à expliquer l'origine du Golfstrim. Elles nous font voir tout ce qu'il y a d'hypothétique et d'erroné dans l'opinion des auteurs qui ont soutenu que, semblable au fleuve des montagnes, le grand courant de Bahama glisse sur une pente à travers l'Océan. Non-seulement l'étude des courants de l'Atlantique n'autorise en rien une pareille conjecture, mais les expériences les plus récentes et les derniers sondages thermométriques nous font connaître que, loin de se précipiter d'un niveau élevé, le Golfstrim, au contraire, semble gravir un versant rapide et se développer sur un plan incliné dont la pente ascendante serait de trois pieds environ par chaque kilomètre.

Si nous pénétrons plus avant dans les profondeurs de la mer, nous reconnaissons que le courant du golfe du Mexique se trouve entièrement isolé au sein de l'Océan. Il glisse sur des couches plus froides, et le thermomètre accuse, en s'enfonçant, des températures qui décroissent sans cesse et qui atteignent les limites les plus voisines de la glace fondante. Ce sont les températures extrêmes que l'on constate aux mêmes profondeurs dans les eaux du Spitzberg et de la mer Arctique. Leur présence au-dessous du Golfstrim nous révèle les traces du grand courant polaire, dont nous avions déjà signalé l'existence au nord des bancs de Terre-Neuve, et que nous retrouvons ici, transformé en courant sous-marin se déroulant jusque sous l'équateur, et concourant au mutuel échange qui s'opère entre les eaux de la zone torride et celles qui reviennent sans cesse du sein de la mer Glaciale. On saisit aisément l'importance du rôle que remplit ainsi cette nappe d'eau froide, interposée entre le courant chaud et la croûte solide sur laquelle repose le lit de l'Océan. C'est un écran protecteur, une couche isolante qui, par sa propriété de mauvais conducteur, préserve de tout rayonnement et, par suite, garantit d'une dispersion complète les abondants trésors de chaleur que le grand courant du golfe du Mexique est chargé d'entraîner jusque vers les régions septentrionales.

Quelle que soit la direction que l'on suive pour chercher à découvrir la véritable origine du Golfstrim, on ne tarde pas à s'apercevoir que cette *Merveille de la mer* se rattache, par mille liens, à tous les autres phénomènes de l'Océan, et que, dans notre hémisphère, elle peut être considérée comme le grand régulateur de tous les mouvements qui se manifestent au sein des eaux de l'Atlantique. Aussi, comme nous l'avons déjà fait remarquer, la courbe que le courant décrit semble-t-elle tracée d'avance ; c'est un arc du grand cercle. Toutefois, dans sa course rapide, il dévie légèrement à l'est, subissant l'impulsion transversale que la rotation de la terre imprime à tous les corps qui se meuvent à sa surface. A leur entrée dans l'Océan, par les bouches de Bahama, indépendamment de leur tendance naturelle à couler vers le nord, les eaux du

Golfstrim participent encore au mouvement diurne, dont la vitesse vers l'orient est exactement évaluée à une trentaine de kilomètres par minute. Cette vitesse décroît rapidement si l'on s'avance de l'équateur vers l'un ou l'autre pôle. A la hauteur de Terre-Neuve, elle est réduite de près d'un tiers, et cette différence de huit ou dix kilomètres par minute nous représente le surcroît de vitesse avec lequel les eaux du Golfstrim parviendraient en ce point, sans la résistance des milieux qu'elles traversent. Cette résistance, toutefois, n'est pas assez considérable pour s'opposer entièrement aux effets de la vitesse acquise. La force qui les sollicite sans cesse à dévier vers l'orient, est la même *force d'inertie* dont on constate l'énergique influence dans les principales directions que suivent les grands courants de l'atmosphère. A l'appui des simples principes que nous venons d'exposer, nous pouvons invoquer des preuves matérielles irrécusables.

Ce n'est en effet que sur un seul côté du Golfstrim, sur la rive orientale seulement, que l'on voit se réunir et stationner tous les bois de dérive, les épaves flottantes et les grands arbres déracinés que le courant entraîne du golfe du Mexique à travers l'Océan. Pour les courants qui descendent directement au sud, pour les eaux du Mississipi, par exemple, cette grande accumulation de débris flottants se produit au contraire sur la rive opposée. Dans tous les cas, c'est toujours vers la droite que se manifeste la déviation, et c'est bien effectivement dans ce sens que tendent toujours à dérailler les locomotives lancées sur les voies ferrées qui courent dans la direction d'un de nos méridiens terrestres. Cette application directe des lois physiques de notre globe n'échappe point aux voyageurs qui fréquentent en Amérique le chemin de fer d'Hudson-River, et en Angleterre la grande ligne du Western-Railway.

La même cause qui détourne légèrement vers l'est les eaux chaudes de Bahama, doit prévaloir pour faire incliner à l'ouest la branche occidentale qui continue sa course à la surface, après s'être séparée du grand courant polaire, à la hauteur des bancs de Terre-Neuve. Telle est effectivement la direction que suit ce contre-courant froid, qui longe le rivage et qui préserve le Golfstrim d'un contact immédiat avec les côtes d'Amérique. Aussi, devant cette nouvelle application manifeste du mouvement diurne, ne comprenons-nous pas l'influence que les contours du rivage des États-Unis, ou le profil des bancs de Nantucket, peuvent encore exercer sur le cours normal du grand régulateur de l'Atlantique. Sa direction moyenne, et, par suite, le but de sa mission, sont trop importants, selon nous, pour dépendre uniquement des sinuosités accidentelles de la côte voisine.

Cette opinion, il est vrai, n'est point celle qui a été jusqu'à présent la plus accréditée parmi les marins. Elle a eu contre elle un grand nombre d'auteurs; mais le doute n'est plus permis aujourd'hui. Le voile est enfin tombé, et la vérité, sur cette importante question, vient de se faire jour depuis les récentes découvertes d'un de nos plus habiles physiciens, l'auteur des gyroscopes, l'ingénieux observateur du pendule du Panthéon.

Désormais les déviations du Golfstrim et du Missis-sipi, la constante accumulation, sur leur rive droite, des épaves et des bois de dérive, ne sont plus un mys-tère. Ce ne sont plus des faits isolés, mais des cas parti-culiers, des corollaires rigoureux d'une grande loi générale dont l'observation est due à M. Foucault et la démonstration mathématique à M. Babinet. Cette loi, qui, à l'aide d'une simple formule algébrique, donne la clef d'une infinité de phénomènes jusqu'ici restés inexpliqués, peut se traduire ainsi : « Tout corps en mouvement, quel que soit d'ailleurs le sens où il se meut, tend à tourner vers la droite de l'obser-vateur dans l'hémisphère nord, et vers la gauche dans l'hémisphère sud. »

A peine maîtres de ce principe, nous en retrouvons à chaque pas, autour de nous, des applications immé-diates. Non-seulement les courants de la mer et de l'atmosphère obéissent à cette loi, mais tous les grands cours d'eau qui sillonnent nos continents semblent en-core subir cette tendance. Voyez, en effet, ce qui se passe sous nos yeux, dans le bassin de la Méditerranée, par exemple. Le courant océanien qui entre par Gibral-tar, dans la direction du sud-ouest au nord-est, s'in-fléchit rapidement à droite, en suivant dans toute sa longueur le profil de la côte d'Afrique. Il en est de

même, à l'autre extrémité, pour le violent courant qui
s'échappe des Dardanelles, et qui abandonne le rivage
d'Asie pour côtoyer l'Europe en contournant le golfe
de Salonique. L'observation a la même justesse pour le
cours des grands fleuves que cette mer reçoit. Pris à
leur embouchure, c'est toujours vers la droite que le
Nil, le Pô, le Rhône et l'Ebre portent le trouble de
leurs eaux. Ce mouvement, qui s'opère de gauche à
droite pour un observateur placé au centre de la Méditerranée, se produit aussi dans l'Adriatique, dans la
mer Noire, dans la Caspienne et dans l'Aral. Comme
on peut s'en convaincre dans le cours de cette étude,
ce circuit se manifeste encore dans l'Atlantique, dans
le grand Océan, dans les bassins polaires, et jusqu'au
centre de l'océan Indien. Les vents eux-mêmes, de
quelque direction qu'ils s'élèvent, finissent par agir
dans le sens de cette impulsion générale. Partout, sur
la mer et dans l'atmosphère, nous retrouvons les traces
apparentes du rapide mouvement de rotation diurne
qui emporte notre planète de l'occident à l'orient (11).

Aussi est-ce avec toute l'autorité de la science,
qu'entre le vingtième et le quarante-sixième parallèle,
nous persistons à considérer ce mouvement diurne
comme la cause la plus apparente, la plus réelle et la
plus susceptible de faire dévier le Golfstrim de la route
mathématique, nous voulons dire de l'arc de grand
cercle qui lui a été incontestablement assigné à travers
l'Océan. Arrivé à ce point de sa course, il s'incline
plus franchement à l'est; il se partage même plus loin

en deux branches distinctes, dont l'une gagne directement le golfe de Gascogne, tandis que l'autre continue à courir au nord-est, en embrassant les îles Britanniques et réchauffant de ses eaux tièdes les côtes septentrionales de l'Europe. On n'a pas manqué d'attribuer à la présence des *grands bancs* le motif de cette nouvelle déviation. Mais on s'expose évidemment ici à confondre l'effet avec la cause. Les bancs de Terre-Neuve n'ont pu exercer une influence décisive sur la direction primitive du Golfstrim, puisque leur formation de date plus récente ne paraît être que le résultat de la rencontre de ce courant avec le *flot polaire*.

Bien que les deux masses liquides qui s'entre-heurtent soient à peu près équivalentes, l'une d'elles cependant cède et s'infléchit sous la pression du choc : c'est celle du Golfstrim. La ligne de démarcation qui la sépare des eaux froides du courant opposé est une ligne courbe dont la concavité regarde toujours vers le nord. C'est là que viennent s'arrêter les glaces du pôle; c'est la limite extrême qu'atteignent, sans jamais la franchir, les montagnes flottantes qui descendent en si grand nombre de la mer Glaciale, entraînées vers le sud par le courant du détroit de Davis. Soumises à l'action d'une chaleur subite et sous l'influence du brusque changement qu'elles ne tardent pas à rencontrer vers le quarante-cinquième parallèle, elles se fondent et disparaissent, en précipitant au fond des eaux les amas de terre et les blocs de rochers que la débâcle arrache chaque année aux côtes de l'Islande, du Spitzberg et du Groënland.

Pendant que le courant polaire, par la masse des débris qu'il entraîne, vient ainsi contribuer à la formation et au développement des bancs de Terre-Neuve, le Golfstrim concourt à la même œuvre, en transportant sur ce point les innombrables dépouilles des microscopiques organismes dont ses eaux sont chargées. Aux premières atteintes du froid périssent toutes les richesses vivantes que le courant de Bahama reçoit des zones tropicales. Les débris de leurs imperceptibles coquilles s'amoncellent sans cesse; ce n'est qu'une pluie fine d'abord, ce n'est qu'un nuage, il est vrai; mais, comme la neige qui tombe sans relâche, ces continuels dépôts d'infusoires finissent, avec le temps, par combler les abîmes. Du côté du nord, en effet, le lit de l'Océan suit une pente douce et ascendante jusqu'à la ligne de démarcation, parfaitement distincte, qui s'établit à la rencontre des deux courants contraires. Là, une transition brusque se manifeste tout à coup. C'est un ressaut subit, une chute soudaine dont on ne retrouve aucun exemple dans les autres régions explorées de la mer. Les sondes passent subitement de quelques centaines de brasses à plus de deux mille cinq cents mètres de fond. C'est dans le sud des grands bancs, on doit s'en souvenir, que l'appareil de Brooke a obtenu les plus grandes distances, en mesurant dans le nord de l'Atlantique les abîmes de l'Océan. Cette explication, dont la priorité en partie est due au commandant Maury, jette une lumière nouvelle sur une question souvent agitée et à peine résolue de nos jours. Quelle fut l'origine des *blocs erratiques?* Quelle est la cause de leur déplacement? quel est l'agent de la nature qui les a transportés dans les plaines, dans les vallées, sur les contre-forts des montagnes? quelle est enfin la force capable d'ébranler ces énormes blocs de granit, dont le gisement primitif se trouve souvent à une immense distance du point où on les rencontre aujourd'hui? On a vainement cherché jusqu'à présent à l'expliquer par des commotions volcaniques, par la débâcle des glaces ou par l'action des eaux. On s'égare évidemment en adoptant exclusivement un seul de ces systèmes. Ce n'est que par leur combinaison réciproque qu'on peut arriver à la réalité. Ainsi que nous l'apprend la formation des bancs de Terre-Neuve, le mouvement des eaux a complété l'œuvre commencée par les glaces. Telles sont les conclusions auxquelles s'est arrêtée, en 1846, la Société des géologues de France, quand elle a fait remonter l'origine des blocs erratiques à l'époque où les plus hautes terres disparurent sous l'envahissement des eaux de l'Océan.

Nous avons déjà vu qu'à partir des grands bancs, le Golfstrim courait directement à l'est jusqu'au moment de sa bifurcation, dans les environs des îles Britanniques. La branche qui s'en détache alors, pour contourner le golfe de Gascogne, vient heurter presque normalement nos côtes de la Manche (12). Aussi doit-on s'attendre à rencontrer, à l'ouverture de ce lieu resserré, les effets de l'énorme pression que le courant exerce en refoulant devant lui les eaux de l'Océan. Telle nous paraît être, en effet, l'origine la plus probable des prodigieuses variations que l'on observe, dans le mouvement des marées, sur les plages du Havre, de Granville et de Saint-Malo. La branche latérale qui s'infléchit au sud-est revient directement au sud, en se relevant le long de l'Espagne et du Portugal. Elle remonte ainsi la côte d'Afrique, embrasse les Canaries, s'élève jusqu'au delà des îles du cap Vert. Là, elle se réunit et se confond avec le *courant équatorial*, qui, sous ces latitudes, traverse l'Atlantique de l'orient à l'occident [1].

---

[1] Le voisinage de cette branche du Golfstrim, qui, de l'Islande, descend parallèlement à nos côtes pour contourner le golfe de Gascogne, rend parfaitement compte du climat tout à fait exceptionnel dont on jouit dans les départements de la Manche et du Finistère. Des presqu'îles avancées terminent à l'ouest les côtes de la Bretagne et de la Normandie. Grâce au mouvement régulier des marées, le rivage y est chaque jour baigné par un courant d'eaux chaudes dont l'introduction au milieu des terres se trouve encore favorisée par la direction des côtes de la Manche, qui s'ouvrent à l'ouest et au sud, et par l'obliquité du fond, qui se relève comme un plan incliné dans cette direction. Aussi, malgré sa latitude élevée, Cherbourg jouit pendant l'hiver d'un climat aussi doux que la plupart des villes du midi de la France et du centre de l'Italie. Très-rarement le thermomètre descend au-dessous de zéro. Des années entières se passent sans gelée. Pendant la saison rigoureuse, la moyenne de la température se maintient à plus de six degrés, quand la même moyenne, à Paris, reste au-dessous de trois. — De l'autre côté de la Manche, et par une latitude encore plus élevée, la presqu'île de Cornwall se trouve dans une position

Cette direction est celle du mouvement apparent des étoiles, et c'est ce qui n'a point échappé aux observations des premiers navigateurs, qui crurent que, sur ces parallèles, la mer tournait comme le ciel. « *Las aguas van con los cielos,* » dit Colomb dans le récit de sa troisième expédition. A notre époque, nous nous contentons d'observer que ce courant transversal ramène en partie le Golfstrim à sa source, et qu'il complète ainsi le grand mouvement circulaire qui entraîne les eaux autour des trois continents baignés par l'Atlantique. Cette remarque est confirmée par les observations de l'amiral Beechey, qui a fait une étude particulière de l'itinéraire suivi par les bouteilles que l'on jette à la mer avec la désignation du lieu et de l'époque de leur immersion. Qu'elles aient été abandonnées sur la côte d'Afrique, d'Europe ou d'Amérique, qu'elles soient parties du nord ou du sud de l'Atlantique, toujours on les retrouve dans le golfe du Mexique, ou, entraînées par le courant de Bahama vers les côtes des îles Britanniques. Sur la foi de ces

analogue par rapport au courant du Golfstrim ; aussi existe-t-il la plus grande similitude dans les conditions météorologiques de ces deux terres avancées.

Si les tièdes vapeurs du grand courant de Bahama viennent ainsi adoucir la température de nos côtes occidentales, en revanche elles y entretiennent des brumes très-fréquentes, et y subissent une condensation presque continuelle. D'après les observations de Lamarche, Cherbourg paraît être le pays de l'Europe où il tombe la plus grande quantité d'eau. La couche annuelle y est de plus d'un mètre d'épaisseur. D'après Kaemtz, cette couche ne serait que de moitié pour Paris, et de 95 centimètres pour la presqu'île de Cornwall.

navigateurs discrets, M. Daussy a pu évaluer à dix-
huit kilomètres par jour la marche du flot équatorial
qui, sous l'influence constante des vents alizés, traverse l'Océan, en entraînant vers les véritables sources
du Golfstrim toutes les eaux chaudes et surchargées de
sels de la zone torride.

Toutefois, de même que dans un bassin circulaire,
où l'eau a reçu une première impulsion giratoire, tous
les corps légers et flottants viennent se réunir au centre, de même, au milieu du grand circuit océanien
dont nous venons de signaler la marche autour des
continents, nous devons rencontrer une région isolée
de l'action du courant, et vers laquelle aboutissent
les plantes, les bois de dérive et les débris de toute espèce que les eaux de la mer charrient constamment
avec elles.

Tel est le spectacle que nous offre, en effet, le
grand banc de varechs, flottant et immobile depuis des
siècles, dans l'espace triangulaire compris entre les
Açores, les Canaries et les îles du cap Vert. C'est la
mer de Sargasse, c'est l'épaisse couche de *fucus natans*,
au milieu de laquelle les intrépides explorateurs de
l'Atlantique ne s'aventurèrent d'abord qu'avec terreur.
Si abondantes et si serrées sont les masses d'herbes
qui s'y trouvent amoncelées, que leur résistance seule
est capable de ralentir la marche des navires. Et, chose
étrange pourtant, c'est sur cette mer alimentée par la
végétation sous-marine des tropiques, c'est au milieu
de ces agglomérations de plantes et d'insectes que nous

avons plusieurs fois signalées comme de véritables foyers d'émanations électriques, c'est, disons-nous, sur ce point et dans de telles conditions, que Christophe Colomb rencontre la ligne sans déclinaison magnétique, auprès de laquelle l'aiguille aimantée semble gravir une pente pour passer du nord-est au nord-ouest, *como quien transpone una cuesta*, suivant la pittoresque expression du récit espagnol.

La détermination du méridien magnétique, à travers la mer de Sargasse, joue un rôle important dans l'histoire des découvertes du quinzième siècle. A cette époque, on voulut immédiatement transformer cette division naturelle en démarcation politique. Ce fut la ligne que le pape Alexandre VI, sur les instances de l'amiral lui-même, assigna comme une séparation naturelle établie entre les États portugais et les possessions espagnoles. Il n'y eut pas d'efforts que l'on ne tentât pour connaître mathématiquement et sur différents points, la position de cette limite imaginaire, dont la détermination précise acquérait subitement une si grande valeur. De cette époque, fait remarquer Humboldt, datent les véritables progrès que l'on fit faire à l'astronomie nautique et à la théorie physique du magnétisme terrestre. Tels furent, en réalité, les résultats les plus positifs de cette fameuse bulle *Inter cætera*, qui agita si longtemps le monde et qui a excité à un si haut degré l'indignation des encyclopédistes du siècle dernier. Il est curieux de trouver réunis sur le même terrain, quoique placés à des points de vue bien différents, Joseph de Maistre et l'auteur du *Cosmos* 13).

Nous avons dit que le courant équatorial, ou courant de rotation, ainsi que le nomment quelques auteurs, traversait l'Atlantique, de l'orient à l'occident, dans la région comprise entre les deux tropiques. Ce n'est qu'un courant de surface qui entraîne dans la mer des Antilles des eaux tièdes et chargées de sels. A son arrivée sur la côte, il rencontre des eaux plus tièdes encore; ce sont celles qui sont versées par l'Orénoque, les Amazones et le Mississipi. De leur fusion résulte un mélange d'eaux plus chaudes et moins salées que les couches intertropicales, mais encore plus denses, cependant, que les eaux communes de l'Océan. Telles sont les conditions de température et de densité que présente le Golfstrim, quand il s'élance, avec une vitesse de huit kilomètres par heure, à travers les passes étroites de Bahama. Quant à la force qui le précipite dans cette direction plutôt que dans toute autre, il est difficile d'en préciser la nature. Mais, si nous ne pouvons pas connaître la cause de cette première impulsion, nous pouvons du moins en suivre les effets, en admirer les conséquences et apprécier toute l'importance du rôle que ce puissant courant remplit dans les harmonies générales de l'Océan. C'est ainsi que sa mission ne se borne pas seulement à réchauffer les régions septentrionales, en répandant partout sur sa route de tièdes et bienfaisantes vapeurs. Dès son point de départ, il exerce encore sur les contrées qu'il abandonne une salutaire et immédiate influence. Sans lui, en effet, sans le rapide mouvement qu'il imprime aux eaux du golfe du Mexique, une chaleur excessive ne tarderait pas à s'accumuler à la surface de cette mer encaissée de toutes parts, fermée d'un côté par les Antilles, de l'autre par le rideau des Andes et par les plaines brûlantes du Texas et de Mexico. Heureusement pour la salubrité du climat, l'excès de chaleur qui tend ainsi à s'accumuler sur ce point, s'échappe avec le courant, dont la température, à sa sortie de Bahama, est supérieure de deux degrés à celle des courants qui arrivent par la mer des Antilles et par la pointe de Yucatan. Grâce à ce continuel échange, et par le seul fait de la légère différence qui existe dans la température des eaux d'entrée et des eaux de sortie, le Golfstrim débarrasse chaque jour le golfe du Mexique d'une quantité totale de chaleur qui serait capable, dit Maury, de mettre en fusion des montagnes de fer, et qui pourrait alimenter des rivières de lave plus larges et plus profondes que le Mississipi.

Ainsi transformé, à son point de départ, en vaste appareil réfrigérant, le grand courant de Bahama subit les conséquences de l'excès de calorique qu'il entraîne avec lui. Soumises à cette influence, ses eaux se dilatent entre les parois froides et rigides qui les renferment. Leur couche supérieure s'élève, et le calcul, établi sur les proportions déjà connues, nous donne en hauteur une différence de plus de deux pieds, pour la dénivellation centrale du Golfstrim. Sa surface affecte donc une courbure convexe; elle se relève au milieu, suivant la forme de deux plans inclinés dos à dos, sur chacun desquels doit nécessairement se produire un mouvement de glissement ou plutôt un écoulement transversal pour les eaux de la couche tout à fait superficielle. Ce fait a été constaté par plusieurs bâtiments, dont la carène profondément immergée subissait entièrement l'action du courant principal, tandis qu'à leur côté de légers canots dérivaient en travers, emportés vers les bords dans une direction perpendiculaire à celle du navire.

C'est surtout en remontant au nord et en se rapprochant de nos latitudes élevées, que l'on voit se dessiner plus nettement encore ces traits caractéristiques du Golfstrim. A partir du quarantième parallèle, qu'il atteint même en hiver avec une température encore très-élevée, il commence à sortir de son lit, à s'affranchir de ses digues. Il déborde, il se répand au loin; il inonde de ses eaux tièdes les froides couches de l'Océan. Dès ce moment sa marche est ralentie. Le rayonnement s'opère sans entrave, et jusqu'à l'arrivée du courant à la hauteur des îles Britanniques, les vents généraux soufflant du sud-ouest viennent activer ce bienfaisant foyer et entraîner vers l'Europe les tièdes et abondantes vapeurs qui s'en dégagent. Tel est dans toute sa simplicité le secret des œuvres de la nature; tel est le merveilleux mécanisme qu'elle met en jeu pour adoucir, dans nos contrées, la rigueur des hivers; tel est aussi le modèle dont l'industrie moderne semble s'être inspirée, quand elle imagina, pour chauffer les vastes monuments et les grands établissements, le système des calorifères à circulation d'eau chaude. Tout le monde aujourd'hui connaît ces appareils ingénieux où l'eau élevée dans une chaudière à une haute température et distribuée à travers des tuyaux conducteurs que l'on multiplie pour offrir de plus grandes surfaces de chauffage, revient ensuite au point de départ, dépouillée du calorique qu'elle a distribué sur sa route.

La nature n'opère pas autrement dans la régularisation des climats à l'aide des courants de la mer. La zone torride est pour nous une sorte de foyer incandescent. La mer des Antilles et le golfe du Mexique sont les chaudières d'où l'eau s'échappe à une température plus élevée qu'au moment de son introduction. Jusqu'aux grands bancs, le lit du Golfstrim peut être considéré comme le tube conducteur, et tout l'espace compris entre Terre-Neuve et l'Europe nous représente enfin la surface rayonnante qui transmet à l'air environnant tous les éléments de chaleur conservés jusque-là dans les couches inférieures. L'action permanente des vents généraux vient compléter l'ensemble de cet harmonieux système. Ce sont eux en effet, ce sont les vents d'ouest qui rendent si doux les climats de toutes les côtes occidentales de notre continent. Ce sont eux qui parent de verdure les coteaux d'Albion et qui font fleurir le myrte sur les bords de la verte Érin. L'observation n'est pas de notre époque. Tacite

ne nous dépeint pas autrement dans son livre d'*Agri-
cola*, le ciel de l'Angleterre : « *Cælum crebris imbribus
ac nebulis fœdum.* » Plus loin, en nous avançant vers
le nord, les Hébrides et les Orcades, entièrement baignées par les flots du courant, ne connaissent pas la
rigueur des saisons et reçoivent sur leurs rivages les
épaves et les bois de dérive que leur envoient les mers
des régions tropicales. Or, l'Irlande, le nord de l'É-
cosse et les îles qui l'avoisinent, sont à des latitudes
tout aussi élevées qu'Irkoutsk, que Tomsk et que To-
bolsk, où le froid, pendant l'hiver, descend à l'effrayante moyenne de vingt degrés au-dessous de zéro.
De l'autre côté de la mer, en face de l'Angleterre et de
la France, sont les bords glacés du Labrador, de Terre-
Neuve et du haut Canada. Les mêmes lignes isothermes, qui, sur la côte d'Amérique, partent du quarantième parallèle, s'infléchissent rapidement vers le
pôle en se rapprochant de l'Europe, et finissent même
par s'élever jusque dans les environs du soixantième
degré de latitude nord.

Grâce aux connaissances positives que nous possé-
dons sur la marche du Golfstrim et sur la direction
des courants polaires qui descendent dans le sens opposé, nous pouvons dès à présent vérifier, pour l'Atlantique, la justesse du principe que Forster a énoncé le
premier, que Humboldt a soutenu depuis, et que nous
ne tarderons pas à retrouver toujours parfaitement
exact, en avançant progressivement dans le cours de
cette étude. « Dans notre hémisphère, disait le com-

pagnon de voyage du capitaine Cook, les côtes occidentales jouissent d'une température infiniment plus modérée que les côtes orientales des mêmes continents. » Il se trouvait à cet égard entièrement d'accord avec l'opinion d'abord émise par Buffon, et plus tard soutenue par Léopold de Buch, sur la cause des climats excessifs que l'on rencontre dans les pays situés au centre des grandes masses continentales.

Quand on considère le surcroît de chaleur que le Golfstrim entraîne avec lui jusque sous nos latitudes septentrionales, on s'explique les perturbations que d'aussi brusques changements thermométriques sont capables d'apporter dans les conditions d'équilibre des couches atmosphériques. La différence de température entre le grand courant de Bahama et les eaux communes de l'Océan, s'élève, comme nous l'avons déjà dit, à une douzaine de degrés environ. Comparé à l'état de l'air environnant, le contraste est plus frappant encore. Les dernières observations de Philippe Brooke ont permis de calculer approximativement l'immense quantité de chaleur que le golfe du Mexique envoie journellement jusque dans les environs du quarante-huitième parallèle. L'amas de calorique répandu en un seul jour sous ces latitudes moyennes est si considérable, que s'il parvenait à se dégager instantanément, il serait capable d'élever à la température du fer rouge la colonne atmosphérique qui recouvre tout le lit du courant.

La différence est rendue plus sensible encore quand on observe que le pôle du froid maximum n'est distant de ce point que de sept cents lieues seulement, et qu'en partant des ports glacés de Terre-Neuve, un navire, après un jour de marche, peut se trouver au milieu d'une vaste et profonde couche d'eaux tièdes et fumantes.

De tels rapprochements suffisent pour expliquer la présence des bancs de brume qu'on y rencontre, et l'origine des tempêtes sans nombre qui bouleversent ces régions. L'influence du Golfstrim ne se borne pas d'ailleurs aux seules couches atmosphériques voisines du courant ; elle s'exerce encore à de plus grandes distances et paraît embrasser, dans presque toute son étendue, le bassin de l'Atlantique septentrional. A l'aide d'un grand nombre de documents nautiques recueillis à l'observatoire de Washington, on est parvenu à découvrir la direction suivie par quelques-uns des ouragans dont le point de départ, observé sur la côte d'Afrique, descend jusqu'au delà du dixième degré de latitude nord. On a pu ainsi les suivre pas à pas dans leur course rapide. On les a vus tournoyer vers l'ouest et franchir l'Océan, attirés vers le lit du Golfstrim par une irrésistible puissance. Arrivés en ce point, ils abandonnent tout à coup leur direction première. Ils n'obéissent plus qu'à l'action du courant, et, entraînés par lui, ils remontent au nord pour éclater et pour s'abattre sur les côtes occidentales de notre continent. En comparant entre elles les observa-

tions fournies par les journaux de bord, M. Redfield
a pu déterminer la route parcourue en 1851 par un
seul de ces ouragans. Il a compté ainsi plus de soixante-
dix navires perdus ou désemparés sur toute l'étendue
de cette voie sinistre.

Les annales maritimes des États-Unis font mention
d'une épouvantable tempête qui fit remonter vers sa
source le grand courant de Bahama. Violemment refoulées dans le golfe, les eaux s'élevèrent à plus de
trente pieds au-dessus du niveau des plus hautes marées. Mais quand cette masse énorme commença à
refluer contre le vent et dans la direction qu'elle
venait de quitter, la mer, sur son passage, s'ébranla
jusque dans ses entrailles. Jamais le spectacle qu'offrit alors le Golfstrim n'a été dépassé dans sa terrible
grandeur.

L'ouragan de 1780, qui commença à la Barbade,
et qui ravagea les Antilles, coûta la vie à plus de vingt
mille personnes. S'il faut ajouter foi aux récits du
temps, l'écorce des arbres fut littéralement déchirée,
broyée, emportée par la force du vent. La mer, re-
muée dans ses dernières couches, bondit hors de ses
digues et s'éleva si haut, qu'elle inonda les villes, ren-
versa les murailles et vint battre les forteresses, dont
elle emporta et dispersa au loin les pesants canons. Pas
un navire n'échappa au désastre. On vit passer dans
les airs des tourbillons chargés de débris de naufrages
et de restes sanglants d'hommes et d'animaux. C'était
le retour des sinistres prodiges dont Shakspeare a re-

tracé une si vive et si lugubre image dans la *Mort de
César :*

The noise of battle hurtled in the air,
And graves have yawnd and yielded up their dead (14).

La connaissance plus exacte des phénomènes météorologiques nous permet aujourd'hui de prévoir la marche et de conjurer en partie le danger toujours trop
menaçant de ces grands bouleversements de l'atmosphère et de la mer. C'est ainsi qu'en 1854, dans le
désastre du magnifique paquebot américain *le San-
Francisco*, on put assigner des limites, assez restrein-
tes, entre lesquelles on avait les chances les plus probables de rencontrer le bâtiment désemparé. M. Maury,
du fond de son cabinet, dirigea les recherches et donna
la route aux bâtiments envoyés à la découverte de
l'épave en dérive, perdue, abandonnée au sein de
l'Océan.

C'était peu de jours après son départ de New-York,
que le *San-Francisco,* chargé de troupes pour la Californie, avait été assailli par une de ces épouvantables
tempêtes qui rendent l'accès du Golfstrim toujours re-
doutable aux marins. Les vents et le courant luttent
avec une égale violence dans des directions opposées,
et, sous la double action de ces efforts contraires, le
malheureux steamer ne pouvait résister bien longtemps
à la fureur d'une mer courte, saccadée et profondément tourmentée. Une seule lame, en effet, en balayant
le pont, avait arraché sa mâture, emporté deux cents

hommes et réduit à néant sa puissante machine. Dans cette position, qui ne laissait l'espoir d'aucun secours humain, il fut aperçu par deux bâtiments qui purent en porter la nouvelle à New-York. Des avisos légers furent immédiatement disposés pour voler au secours du navire en détresse. Mais par quel point commencer les recherches? Quelle était la route la plus sûre pour atteindre et sauver les victimes abandonnées sur un débris flottant? Telle était la question que la population émue de New-York adressa au directeur de l'Observatoire national, et cet appel fait à la science par le peuple le plus positif et le plus pratique du monde ne demeura point stérile. M. Maury, sur une carte dressée à cet effet, parvint à circonscrire, dans un espace resserré, les limites entre lesquelles avait dû être emporté le navire, à partir du point où il avait été aperçu pour la dernière fois. Il calcula sa dérive, en tenant compte à la fois de l'état de la mer, de la direction du courant et de la violence des vents. Si grande fut la justesse de ses appréciations, que le point même qu'il avait assigné fut précisément celui où l'on put voir sombrer le malheureux *San-Francisco*, quelques heures après le sauvetage des cinq ou six cents passagers qui semblaient destinés à une mort certaine.

CHAPITRE QUATRIÈME.

LE GOLFSTRIM.

La baleine franche ne pénètre jamais dans le lit du courant. — Documents fournis par les pêcheurs. — Franklin, le premier, devine les avantages que la navigation peut retirer de la connaissance exacte du Golfstrim. — Difficultés insurmontables que l'on rencontrait autrefois pendant l'hiver en approchant des côtes des États-Unis. — Emploi du thermomètre. — Ports de refuge. — Rapidité des traversées actuelles.—Déplacement du mouvement commercial depuis un demi-siècle. — Influence des découvertes météorologiques sur les destinées des nations. — Tempête de la mer Noire. — Courant équatorial. — Sa bifurcation sur le cap San-Roque. — Vieux préjugé nautique abandonné depuis les découvertes du commandant Maury. — Lignes isothermes de l'Atlantique. — L'échauffement maximum de la mer est d'un mois en retard sur celui de la terre. — Immense réservoir de chaleur. — Profil de la côte américaine. — Son influence sur le climat de l'Europe. — Même influence du golfe de Guinée sur la température des bords de la Plata et de la Patagonie.

Comme les ouragans de l'Inde et les typhons de la Chine, les tempêtes du Golfstrim éclatent et soufflent en cyclônes et en tourbillons. La différence entre la température des eaux du courant et celle des divers milieux qu'il traverse, est, nous l'avons déjà dit, la cause la plus probable de leur origine et de leur formation. Cette opinion se trouve textuellement reproduite dans les conclusions de l'enquête ordonnée à ce sujet, en Angleterre, par les lords de l'amirauté. Sans doute, la chaleur parait être le principal agent qui détermine en ces lieux les bouleversements accidentels de l'atmosphère. Mais par quelle voie mystérieuse toutes ces masses tourbillonnantes se précipitent-elles vers le lit du Golfstrim? Quelle est la force secrète qui les soumet à son empire? Par quel principe enfin le génie des tempêtes semble-t-il se plier à ses lois? Telle est la question à laquelle il ne nous sera permis de répondre que lorsque nous aurons pénétré plus avant dans l'étude des forces physiques du globe, et quand nous serons mieux affermis dans la connaissance de leur corrélation et de leur tendance vers l'unité.

Il peut sembler étrange que, pendant trois siècles, on ait franchi le Golfstrim sans songer à appliquer l'emploi du thermomètre au progrès des sciences nautiques et à la sécurité de la navigation. Franklin, le premier, eut cette idée féconde. Il se trouvait en Angleterre, vers la fin du siècle dernier, à une époque où le commerce des États-Unis se préoccupait vivement des inexplicables anomalies que présentaient entre elles les traversées effectuées, d'un côté, par les paquebots anglais de Falmouth à Boston, et, de l'autre, par les navires américains de Londres à Providence. Les plus grandes distances étaient régulièrement parcourues dans le plus petit nombre de jours. Franklin consulta, à cet égard, un homme pratique, d'une expérience consommée : c'était un baleinier du Rhode-Island, le

capitaine Folger, qui se trouvait à Londres en ce moment, et que le hasard lui avait fait rencontrer. —
Suivant l'habile pêcheur, la cause du retard éprouvé
dans leur traversée par les paquebots anglais était
fort naturelle. Les capitaines qui les commandaient ne
tenaient aucun compte de l'existence du courant, et
s'engageaient imprudemment au milieu du Golfstrim,
tandis que, sur les navires américains, les officiers plus
expérimentés, et pour la plupart vieux pilotes du Nantucket et du Rhode-Island, cherchaient, en remontant
au sud, à se soustraire immédiatement aux effets de
cette influence contraire. C'était en poursuivant la
baleine dans cette partie de l'Atlantique que Folger
avait acquis lui-même les connaissances qu'il possé-
dait sur la nature et sur les limites approximatives du
grand courant de Bahama. La baleine franche, comme
on le sait, vit de préférence dans les eaux glaciales,
pénètre peu dans les milieux tempérés, et les deux
rives du Golfstrim s'élèvent devant elle comme deux
barrières infranchissables entre lesquelles on ne la
rencontre jamais. — Les observations du capitaine
Folger étaient parfaitement exactes, et ses connaissances spéciales étaient d'ailleurs assez positives et
assez étendues pour lui permettre de représenter approximativement, sur une carte, les limites du courant, depuis sa naissance aux bancs de la Floride,
jusqu'à sa bifurcation, à la hauteur des îles Britanniques. Ce premier tracé du baleinier américain est
parvenu à peu près intact jusqu'à nous. Il n'a été rem-

placé que par les *Winds and Currents Charts* du commandant Maury, qui présentent aujourd'hui au navigateur la plus riche et la plus complète collection de
tous les documents météorologiques recueillis sur tous
les points de l'Océan atlantique septentrional.

Il est peu de régions dans le monde où la navigation
soit plus difficile que sur la côte nord des États-Unis.
A la hauteur de la Nouvelle-Écosse, de Boston, de
New-York et même dès qu'on atteint les caps de la
Delaware et de la Chesapeak, les navires qui arrivent
d'Europe sont assaillis par des froids rigoureux et par
des bourrasques de neige contre lesquelles toute la
science et toute l'énergie des hommes demeurent im-
puissantes. En un instant, les voiles, le gréement se
couvrent de glaçons ; les cordes se roidissent, et, sur
le pont glissant, l'équipage engourdi ne peut plus conjurer, par la précision des manœuvres, l'effort de la
tourmente qui gronde sur sa tête. Le corps du navire
lui-même n'apparaît bientôt plus que comme une
lourde masse, inerte et abandonnée à la fureur des
flots. Heureusement, il obéit encore à l'action de la
barre ; il est encore capable de fuir devant l'orage,
et se laisse emporter par l'ouragan lui-même vers
des cieux moins sévères. A quelques lieues, et parallèlement à ces côtes glacées, nous retrouvons, même
au cœur de l'hiver, les eaux fumantes du grand courant du golfe du Mexique. Dans toute l'étendue de
l'Atlantique nord, le lit du Golfstrim s'offre au navigateur comme un port de refuge, que la prévoyance

divine a placé sous le vent du navire en détresse. S'il a
le bonheur de l'atteindre, il ne tarde pas à ressentir
les effets de sa douce influence; quelques heures suffisent pour faire disparaître du gréement les glaçons
dont les mâts sont chargés. La vie semble renaître au
sein des eaux tièdes et bleues; le marin y plonge et
y retrempe ses membres engourdis. Comme l'athlète
antique, il y retrouve sa vigueur, sa souplesse, et
puise à cette intarissable source de chaleur et de vie
la force nécessaire pour affronter une nouvelle lutte et
braver de nouveaux périls.

Mais si le génie des tempêtes, comme le dit M. Maury,
obéit à l'action qu'exerce au sein des mers le grand
courant de Bahama, l'esprit de l'homme s'est élevé
assez haut pour pouvoir le combattre, ou, disons
mieux, pour le dominer en partie, et pour faire tourner
à son avantage les principaux effets de sa toute-puissante influence.

Les traits caractéristiques dont nous avons retracé
l'ensemble dans l'étude générale du Golfstrim, sont
devenus, depuis un demi-siècle, des points de repère
qui guident le marin dans une des circonstances les
plus critiques de la navigation. C'est au moment où,
après avoir franchi l'Océan, il s'agit de reconnaître et
d'aborder des côtes aussi dangereuses que le sont pendant l'hiver celles de l'Amérique septentrionale. Les
erreurs d'estime et de calcul s'aggravent promptement
dans une longue traversée, et la moindre déviation
peut devenir funeste quand l'heure est venue d'atta-

quer une côte embrumée et d'entrer dans un port battu par la tempête. Tel est le point de vue où il faut se placer pour apprécier toute l'importance que peut offrir à la navigation la connaissance exacte des rives du Golfstrim. Ses eaux sont d'une couleur parfaitement tranchée. Les limites qui les renferment sont nettes et distinctes ; elles courent du sud au nord, dans la direction des méridiens terrestres. Dès lors, on comprend aisément le secours inespéré que présente au marin la rencontre de ces lignes de démarcation, invariables et précises. En lui offrant un contrôle infaillible dans la détermination de sa longitude, elles lui permettent de rectifier ses erreurs et d'assurer sa route pour s'avancer avec confiance vers une terre trop féconde en naufrages. Les brumes et la nuit ne sont plus un obstacle. La température seule de l'eau suffit pour constater que l'on n'a point atteint, ou que l'on a dépassé la ligne du courant.

On sent mieux encore l'importance du secours que la nature elle-même s'est plu à nous offrir et dont l'étude de la géographie physique de la mer nous a révélé le mystère, quand on se rappelle l'époque peu ancienne de cette découverte, et quand on tient compte, en outre, des difficultés et des chances d'erreur auxquelles on se trouvait alors exposé dans l'appréciation des distances, dans l'estime du temps, et dans le calcul des observations nautiques les plus élémentaires. Il ne faut pas remonter à plus d'un demi-siècle avant nous, pour rencontrer encore dans les mains de l'observateur l'anneau astronomique, la pesante arbalète et le massif astrolabe, tel à peu près que le savant Martin de Nuremberg l'avait proposé à Jean II, roi de Portugal. On était loin encore de la perfection que nous offrent aujourd'hui les magnifiques cercles et les sextants de Gambey, de Schwartz et de Jecker. Qui se doutait alors que les chronomètres pourraient devenir un jour assez parfaits pour conserver à travers l'Océan la marche moyenne du temps, et donner ainsi, à chaque instant du jour, l'angle du méridien à l'aide d'une simple comparaison avec l'heure solaire? Le navigateur laissait, à cette époque, une trop large part aux chances du hasard. Il devinait sa position plutôt qu'il ne la calculait mathématiquement. Des différences de plusieurs degrés étaient plus fréquentes pour lui que ne le sont devenues de nos jours les erreurs de quelques minutes. Avec des tables défectueuses et des éphémérides incomplètes, les navires partis d'Europe ne s'estimaient point malheureux s'ils tombaient sur Boston, quand ils cherchaient à atteindre New-York ou Baltimore.

Quelle est en réalité l'étendue des services que le navigateur peut attendre de la connaissance exacte du Golfstrim et particulièrement de la douce influence exercée par la température de ses eaux? Il serait difficile de le formuler d'une manière exacte; mais il ne reste aucun doute sur les effets de sa bienfaisante intervention, quand on considère la quantité effrayante de naufrages dont la côte des États-Unis a été le théâtre, et quand on songe que les navires surpris par des ouragans de neige ne connaissaient aucun lieu de refuge, avant que les rives du courant eussent été bien déterminées. Les plus heureux, nous disent les mémoires du temps, parvenaient à gouverner au sud et à fuir jusqu'aux Indes, pour attendre sous les tropiques le retour d'une saison meilleure.

Mais depuis que le génie de Franklin a signalé au marin la vivifiante source de chaleur au sein de laquelle il peut venir ranimer ses forces épuisées, il n'existe plus sur la côte un seul port inaccessible, même au cœur de l'hiver.

De cette époque, qui ne remonte pas au delà des dernières années du dix-huitième siècle, date une ère nouvelle; c'est celle où s'arrête subitement le développement commercial des provinces du sud, et où commence, dans le nord, la prospérité prodigieuse de Boston, de New-York, de Norfolk et de Baltimore. Pour se convaincre de l'importance et de la rapidité d'une pareille transformation, il suffit de jeter les yeux sur la statistique des mouvements maritimes de ces contrées. Il est impossible de rencontrer dans l'histoire un exemple plus frappant et une preuve plus positive et plus matérielle de l'influence que les grandes découvertes météorologiques peuvent exercer sur le commerce et sur les destinées des nations.

Cette influence s'est encore manifestée d'une manière bien frappante par le concours inattendu que la télégraphie est venue apporter de nos jours à la science des faits et de l'observation. L'instantanéité des communications électriques nous permet de connaître l'état de l'atmosphère sur la plupart des points de notre globe. Les vigies de nos côtes ne sont plus destinées seulement à surveiller l'approche d'une voile ennemie; elles peuvent encore, à chaque heure du jour, signaler l'état de la mer et du vent au marin, qui désormais ne sortira du port que certain à peu près du temps qu'il trouvera au large. Depuis quelques années, les Américains ont développé, au profit de la navigation et du commerce, le réseau déjà fort étendu de leurs postes télégraphiques. Comme ils le disent eux-mêmes, c'est la science appliquée à la *money-value*.

Dès 1854, devant le congrès de Bruxelles, Maury avait exprimé la pensée et l'espoir de voir bientôt tous les peuples civilisés reliés et garantis au dehors par un vaste système de lieux d'observation, de stations météorologiques, véritable cordon de sentinelles avancées, jetant le cri d'alarme au premier signe menaçant dans l'air et dans les cieux.

Cette pensée féconde, le directeur de l'Observatoire de Paris l'a en partie réalisée en France. Il n'a eu qu'à suivre à cet égard l'impulsion donnée en Angleterre et aux États-Unis. On commence, en effet, à comprendre l'importance qu'il peut y avoir à connaître, d'avance et d'une extrémité à l'autre de l'Europe, la formation, le développement, la marche d'une de ces tourmentes, malheureusement trop fréquentes, qui bouleversent nos récoltes, ravagent nos campagnes et ne marquent souvent que par des ruines la trace de leur passage. Le cultivateur et l'industriel semblent être presque aussi intéressés que le marin à connaître l'approche de ces désastreux phénomènes. M. Leverrier cite à ce propos la mémorable tempête du 14 novembre, qui, sous la forme d'une onde atmosphérique, se déroulant de l'occident à l'orient, mit trois jours à se développer de l'Atlantique au fond de la mer Noire. En quelques heures, le télégraphe aurait pu signaler le danger aux flottes alliées. Que de sinistres n'eût-on pas ainsi évités, sur cette côte de Crimée, jonchée de tant de débris de naufrages! Les Anglais à Balaklava virent sombrer leurs transports et s'engloutir leurs approvisionnements. Pour notre part, nous eûmes à déplorer la perte d'un de nos plus beaux vaisseaux de guerre, détaché de l'escadre à Eupatoria.

Sur ce dernier point de la côte, la tempête, dès le matin, souffla du sud-ouest dans la direction du courant circulaire qui, de l'Azof au Dniéper, du Danube au Bosphore, contourne la mer Noire. Pendant toute la journée, le *Henri IV* affronta bravement les coups redoublés du vent et de la mer qu'il recevait en face. Mais vers le soir, quand l'ouragan, sans perdre de sa force, eut obliqué à droite, c'est-à-dire à l'ouest, le malheureux vaisseau, battu par le travers, fut alors condamné à présenter le flanc aux efforts combinés du courant et d'une mer furieuse. Retenu par ses ancres, convulsivement rappelé sur ses chaines, on le voyait s'élancer par saccades, bondir sur la crête des lames et retomber en roulant dans les profonds sillons d'une mer tourmentée. Rien n'eût pu résister à de telles secousses. Ce fut dans un de ces violents mouvements de roulis qu'il brisa ses dernières amarres.

La nuit tombait alors; la neige et l'écume fouettée tourbillonnaient dans l'air; la mer était énorme. Nous courions fatalement poussés sur la côte ennemie.

Le lendemain, au lever du soleil, la plage offrit un spectacle d'un saisissant effet. Dans le fond de la baie, au milieu d'un amas confus de mâtures en pièces et de débris flottants, on revit notre magnifique vaisseau, vaincu par la tempête, balayé par la mer, perdu dans les brisants, mais debout sur sa quille au milieu des récifs, son pavillon au vent et ses canons tonnant contre les nuées de Cosaques qui s'abattaient sur lui comme sur une proie. Il est dans la vie de l'homme, dans la vie du marin surtout, des impressions que le temps ne saurait effacer. De ce nombre sont celles qui se trouvent mêlées au souvenir de la dernière nuit qu'il nous fut donné de passer sur le pont de l'infortuné *Henri IV*, échoué et perdu à Eupatoria.

Nous connaissons déjà l'existence du grand courant équatorial qui traverse l'Atlantique de l'orient à l'occident. Ce n'est point une masse profonde qui se déplace d'un continent vers l'autre; c'est plutôt une large nappe mobile qui, sous l'impulsion constante des vents alizés, entraîne vers l'ouest les eaux chaudes et surchargées de sels de la zone torride. A la première pointe avancée qu'il rencontre sur la côte américaine, ce courant de surface se divise en deux branches. Il descend d'un côté vers le sud, en longeant le Brésil, et va se perdre ou plutôt se transformer en courant sous-marin, à sa première rencontre avec le flot polaire des régions antarctiques.

L'autre branche continue à suivre, pendant longtemps encore, une direction transversale. Elle longe la côte qui fuit brusquement à l'ouest, à partir du cap Roque, et c'est effectivement sous ce nom qu'est plus particulièrement connu le courant que les marins ont longtemps regardé comme un obstacle et un danger pour les navires qui coupent l'équateur trop près de l'Amérique. La plupart des ouvrages nautiques ont propagé et entretenu cette erreur : Hosburgh lui-même la partage. Aussi, dans la marine anglaise, dans la nôtre, et d'ailleurs dans toutes les marines de l'ancien et du nouveau monde, le courant du cap Roque a-t-il toujours apparu comme un épouvantail qui condamnait le navigateur prudent à se tenir à deux cents lieues des côtes, toutes les fois qu'il s'agissait de traverser la ligne en remontant du tropique du Cancer vers les régions méridionales.

M. Maury, le premier, a combattu et détruit cette erreur. Il a démontré que, pour passer de l'hémisphère nord dans l'hémisphère sud, la route la plus sûre était la plus directe, et qu'aux approches de la pointe la plus orientale de l'Amérique, l'absence des calmes et l'influence favorable des vents compensaient et au delà l'action contraire des courants. A l'appui de cette

théorie qui, dans une branche importante des sciences
nautiques, renverse un préjugé enraciné depuis trois
siècles, il invoque les preuves les plus convaincantes.
Ce sont celles qui lui sont fournies par les résultats
positifs et matériels des opérations commerciales elles-
mêmes. C'est effectivement en suivant les instructions et la route nouvellement indiquées par M. Maury
aux navigateurs, que les grands clippers de l'Union
sont parvenus à accomplir ces étonnantes traversées,
à la réalité desquelles on a eu d'abord tant de peine à
ajouter foi.

En observant le mouvement du flot équatorial dans
le nord du cap Roque, on se rend compte, d'après la
configuration de la côte, de la dilatation ou plutôt du
gonflement qui doit soulever la surface des eaux soumises à l'action des rayons perpendiculaires du soleil,
et constamment refoulées vers la terre par l'action
non moins directe des vents alizés. Sous cette double
influence, les eaux ainsi amoncelées doivent tendre
nécessairement à s'échapper de l'immense bassin fermé
au sud et à l'ouest par les côtes de l'Amérique méridionale, et c'est vers le nord que doit se produire naturellement leur mouvement de sortie pour se répandre
à la surface de l'Océan. A leur limite la plus occidentale, nous avons déjà pu les suivre, lorsque, enrichies du tribut des Amazones et de l'Orénoque, elles
pénètrent successivement dans la mer des Antilles,
dans le golfe de Mexico, et semblent destinées à devenir
une des principales sources alimentaires du Golfstrim.

Le passage ouvert entre la Floride et Cuba n'est pas la seule issue par où s'échappent les eaux chaudes et fortement dilatées de la zone torride. Ces eaux débordent encore directement au nord, et forment au centre de l'Atlantique une nappe superficielle, il est vrai, mais parfaitement distincte de l'impétueux courant de Bahama. Son mouvement de translation s'opère lentement, dans le sens de la déclinaison solaire. La limite extrême qu'elle atteint subit une oscillation annuelle dont la marche a été calculée, à l'aide des lignes isothermes tracées, de dix en dix degrés, entre le nouveau et l'ancien continent.

Les lignes isothermes, comme on le sait, s'obtiennent en réunissant sur une égale courbe tous les points qui jouissent d'une même température. Humboldt, le premier, en a proposé l'emploi au commencement de ce siècle, et l'on n'a pas tardé à reconnaître tout l'avantage que l'on pouvait tirer d'une pareille méthode dans l'étude de la chaleur à la surface de notre globe (15).

Dans les ouvrages de M. Maury, les lignes isothermes tracées sur les cartes de l'Atlantique sont calculées séparément pour chacun des douze mois de l'année. Elles nous représentent l'ensemble le plus complet des observations thermométriques, et nous permettent d'embrasser d'un seul coup d'œil la marche des variations des températures moyennes à la surface de l'Océan. La comparaison de ces courbes entre elles nous fournit les documents les plus précieux sur la circula-

tion des couches superficielles, et nous conduit en
même temps a quelques résultats imprévus, dont les
conséquences ne peuvent manquer d'intérêt au point
de vue de la climatologie de la terre et des mers. En
suivant les oscillations causées par le cours des saisons, nous trouvons que, dans notre hémisphère, les
mois de septembre et de mars sont les deux époques
de l'année où les eaux de l'Atlantique atteignent leur
maximum et leur minimum de chaleur, tandis qu'à la
surface des continents, août et février sont seulement
les termes correspondants à ces limites extrêmes. Sur
terre, on le comprend, la température cesse de s'élever et commence à descendre dès que la chaleur reçue
pendant le jour n'est plus égale à celle qui s'échappe
par le rayonnement nocturne. Mais sur mer les conditions de conductibilité sont changées. Les variations
sont moins promptes, moins directes, et la différence
qui en résulte correspond au retard indiqué par le tableau des lignes isothermes.

Nous pouvons facilement observer, dans ses variations annuelles, une des lignes dont la température
est le plus élevée, celle de vingt-six degrés centigrades,
par exemple. En mars, comme nous l'avons dit, nous
devons la rencontrer vers le sud, à sa limite extrême.
Dans cette position, elle s'écarte peu de l'équateur à
travers l'Océan; et aux approches des côtes d'Amérique, elle suit le rivage à petite distance, depuis l'embouchure de l'Amazone jusqu'à la hauteur de la mer
des Antilles. Mais dès que le soleil a franchi l'équinoxe

et qu'il commence à répandre dans notre hémisphère
l'influence directe de ses rayons, la courbe de vingt-
six degrés s'infléchit progressivement à sa suite. Elle
s'écarte du rivage et remonte promptement vers le
nord, jusqu'à ce qu'elle atteigne, au delà du trente-
cinquième parallèle, sa limite supérieure, où elle demeure stationnaire jusqu'à la fin de septembre environ.
Sa marche ascendante est beaucoup plus rapide que ne
l'est, pendant l'hiver, son mouvement rétrograde vers
le sud. Aussi, quand le soleil a fui depuis longtemps
de nos contrées, rencontre-t-on encore au milieu de
l'Atlantique cette vaste nappe d'eau chaude qui, sous
l'action des vents généraux, semble destinée à répandre sa bienfaisante influence sur notre continent
européen.

Chose étrange, ce n'est que dans l'ouest du méridien du cap Roque que l'on observe la présence de la
courbe de vingt-six degrés. Le réservoir de chaleur
dont cette ligne isotherme indique l'existence et détermine le contour, est donc alimenté par la grande
source équatoriale, dont les eaux se gonflent et se dilatent sous l'action directe des rayons solaires. Bor-
nées au sud par la terre, ces eaux se répandent vers le
nord à la surface de l'Océan; et telle est la part d'influence que le profil des côtes de l'Amérique méridionale peut ainsi exercer à plus de quinze cents
lieues de distance sur la température de nos climats
européens.

Dans son mouvement d'ascension vers les régions

tempérées, la ligne isotherme que nous avons suivie
ne s'approche jamais de la côte d'Afrique. Elle indique
donc, dans cette direction, la présence d'une couche
d'eau froide qui borde le rivage; et c'est effectivement
dans cette région de l'Atlantique que nous avons déjà
rencontré la seconde branche du Golfstrim qui, après
sa bifurcation à la hauteur des îles Britanniques, contourne le golfe de Gascogne, longe l'Espagne, le Portugal, le Maroc, et accomplit ainsi vers l'équateur son
retour circulaire. Sur cette côte africaine, le contour
du golfe de Guinée présente une curieuse analogie avec
le profil de l'Amérique équatoriale, de l'autre côté de
l'Atlantique. Cette remarque n'est pas nouvelle, sans
doute, mais aucun observateur jusqu'ici n'en a tiré les
conséquences ingénieuses et positives auxquelles nous
conduit le simple examen des lignes isothermes.

L'inflexion que subit la courbe de vingt-six degrés,
en pénétrant dans l'hémisphère austral, accuse évidemment dans cette direction un mouvement de surface analogue à celui que nous avons déjà rencontré
au nord de l'équateur. Retenues d'un côté par la configuration de la côte, ce n'est que par le sud seulement
que les eaux chaudes et dilatées parviennent à s'échapper du golfe de Guinée. Elles se répandent à travers
l'Océan, et jusque sous les latitudes extrêmes de
l'Amérique méridionale, on peut ressentir l'influence
de leurs tièdes vapeurs. Nulle autre cause n'explique
mieux la douce température dont jouissent pendant
l'hiver les côtes de la Patagonie et de la Plata. Ainsi,

sur l'une et l'autre rives de l'Atlantique, les deux grandes sinuosités qui dessinent si nettement le profil des terres sous la zone équatoriale, nous apparaissent comme deux foyers sans cesse incandescents, d'où la chaleur et la vie tendent à se répandre à travers l'Océan, jusque dans les contrées les plus lointaines.

CHAPITRE CINQUIÈME.

RÉVOLUTIONS DE LA MER.

Comparaison des lignes isothermes.—L'hémisphère sud plus froid que
l'hémisphère nord. — Les météorologistes constatent, mais n'expliquent point ce fait.— Hypothèses erronées à cet égard.— Opinion de
Buffon. — Principe astronomique. — Inégale durée des saisons. —
Inégalité du refroidissement.—Affluence des eaux dans l'hémisphère
austral. — Caractères opposés des deux hémisphères. — Singulière
loi de la distribution des eaux à la surface de la terre. — Direction
du courant primitif. — Blocs erratiques. — Époque du dernier
cataclysme. — Précession des équinoxes. — Période des révolutions. — Étrange conséquence. — L'an 1248 de notre ère pris
comme point de départ. — Documents météorologiques. — Abaissement de température pour l'hémisphère nord. — Augmentation
pour l'hémisphère sud. — Documents géologiques. — Révolutions
de la surface du globe. — Fossiles de Cuvier. — Oscillations périodiques de la mer expliquées par l'action magnétique ou par le
choc d'une comète.—Explications par le déplacement de l'équateur
terrestre. — Système danois de Frédérick Klée. - Point de rencontre des deux équateurs. — Action diluvienne produite par le
soulèvement des Andes. — Objection contre ces différents systèmes.
— Avantage incontestable du point de départ astronomique.

Bien que symétriques dans leur contour et dans
leur direction, les lignes isothermes dont la température est la plus élevée, n'occupent pas cependant une
égale étendue dans les deux hémisphères. L'espace
qu'elles embrassent dans le Nord est à peu près le

double de celui qui leur correspond au sud de l'équateur. L'ensemble des observations thermométriques à la surface de l'Océan, confirme ce que l'étude de la circulation atmosphérique nous apprend aussi relativement à la différence de température qui existe entre les deux moitiés de notre globe[1]. Quant à l'origine de cette différence, les météorologistes ont été fort embarrassés jusqu'à présent pour en indiquer la nature et en préciser la cause. Lorsqu'on recherche, par exemple, l'explication de ce fait dans l'immense étendue des mers qui recouvrent l'hémisphère du Sud, on oublie évidemment que la présence même des eaux et la circulation des grands courants marins sont les puissants moyens que la nature emploie pour adoucir les climats et égaliser la température des diverses couches de l'atmosphère. Dans cet ordre d'idées, et malgré toute l'autorité d'un des plus habiles interprètes des lois de la nature, nous sommes pareillement conduits à rejeter l'opinion du professeur Kaemtz, quand il explique le refroidissement de l'hémisphère austral par la déviation vers le nord de l'immense courant équatorial qui prend naissance au sein de l'océan Indien. Le savant météorologiste pense, et il partage

---

[1] Cette différence de température est encore constatée par la comparaison des courbes isodynamiques. On a pu même aisément calculer qu'elle s'élevait à un peu moins d'un degré centigrade, d'après les observations du capitaine Duperrey, qui a établi dans quelles proportions variait l'intensité magnétique dans les deux hémisphères.

en cela l'opinion la plus accréditée de nos jours, que la masse des eaux chaudes que la mer des Indes renvoie constamment vers l'ouest, double le cap des Tempêtes, pénètre dans l'Atlantique, et remontant jusqu'au delà de l'équateur dans la mer des Antilles et dans le golfe de Mexico, vient y alimenter les sources du Golfstrim.

M. Maury, dans son ouvrage des *Sailing directions*, a fait ressortir tout ce qu'il y avait d'erroné dans un pareil système. Le flot de l'océan Indien, qui court effectivement à l'ouest, en longeant les côtes de Mozambique et de Madagascar, atteint sans le franchir le méridien du Cap.. Il est refoulé en ce point par l'arrivée d'un courant latéral qui s'échappe de l'Atlantique tout le long de la côte africaine. Leur rencontre s'opère sur le banc des Aiguilles. Dès ce moment, les deux courants, confondus en une seule masse, remontent directement au sud, et vont former, à la limite des glaces antarctiques, une mer de sargasse, analogue à celle dont nous avons déjà constaté l'existence dans les environs des îles du Cap-Vert 16 . Pour expliquer l'accumulation des glaces dans les régions du Sud, Buffon pensait qu'il devait exister sous le pôle un vaste continent aussi grand que l'Europe, l'Afrique et l'Asie réunies. C'était, aux yeux du grand naturaliste, le seul contre-poids suffisant pour équilibrer l'enveloppe liquide dont la plus grande partie de l'hémisphère austral se trouve composée.

De toutes les hypothèses qui ont été tour à tour

présentées sur l'origine des glaces antarctiques, nous adoptons de préférence les conclusions auxquelles nous conduit la plus grandiose et la plus positive de toutes les sciences, nous voulons dire l'astronomie. Suivons en effet, sur la sphère céleste, la courbe elliptique que la terre décrit autour de son foyer. En vertu du principe de l'attraction universelle, qui agit en raison inverse du carré des distances, et, d'un autre côté, en vertu du parallélisme constant de notre axe polaire, nous remarquons qu'il existe une double raison pour que notre planète parcoure plus rapidement la partie de son orbite voisine du périhélie que la partie plus considérable qui lui correspond de l'autre côté de la ligne des équinoxes. Or, c'est pendant l'automne et l'hiver de l'hémisphère nord que la terre franchit la plus courte distance. Pendant le printemps et l'été, au contraire, elle met plus de temps à parcourir l'arc elliptique qui lui reste à décrire. D'après le renversement des saisons dans les deux hémisphères, la durée de l'hiver doit donc être moindre pour nous que pour les régions situées au sud de l'équateur. La différence en notre faveur est effectivement de huit jours environ, et l'on peut s'en convaincre en observant sur le calendrier l'inégale manière dont l'année se trouve partagée entre le commencement de l'automne et le premier jour du printemps. Cette différence, qui n'est pour l'époque présente que d'une semaine à peu près, suffit-elle pour déterminer le changement de température que l'on observe d'un hémisphère à l'autre? On est tout d'abord disposé à l'admettre, puisque précisément l'hémisphère dans lequel l'hiver est le plus long se trouve être celui dans lequel on rencontre les plus grandes masses de glaces accumulées vers les régions polaires. Mais la chaleur, ainsi que la lumière, l'attraction et l'électricité, suit la grande loi du carré des distances. Or, c'est pendant le long hiver de l'hémisphère austral, c'est-à-dire pendant le printemps et l'été de l'hémisphère nord, que la terre est emportée le plus loin du soleil. Le rayon calorique doit alors perdre en force ce qu'il gagne en durée, et c'est effectivement l'opinion positive qu'Herschell pose en principe et qu'il résume ainsi : « La quantité de chaleur que notre planète reçoit, à n'importe quel point de sa course, est toujours proportionnelle à l'angle qu'elle décrit autour de son foyer (17). »

Malgré l'autorité de l'illustre astronome, une pareille loi d'équilibre et de compensation ne peut manquer d'exciter la surprise. La distance de la terre au soleil varie, en effet, de douze cent mille lieues pendant le cours d'une saison entière; et pourtant, en dépit des lois de la physique, c'est à celui des deux hémisphères qui reçoit le plus directement alors l'action des rayons caloriques, que correspond, au pôle, la plus grande épaisseur de glaces éternelles. Un tel contraste, on doit en convenir, présente une objection sérieuse à la théorie que M. Babinet a naguère exposée avec tant de lucidité et d'esprit sur le cours des saisons des diverses planètes.

Contrairement à la loi de compensation énoncée par Herschell, Humboldt remarque avec justesse que la température d'un lieu ne dépend pas seulement de la quantité de chaleur qu'il reçoit, mais encore de celle qu'il conserve ou qu'il laisse échapper par le rayonnement (18). Or, l'hémisphère austral, dans lequel la durée totale de l'hiver dépasse de cent soixante-huit heures la durée de l'été, l'hémisphère austral, disons-nous, subit, par le seul fait de l'irradiation, une perte et par suite un refroidissement bien plus considérable que ne peut l'être l'abaissement de la température de l'hémisphère nord. Cette conclusion est logique, si nous ne nous trompons; et prenant pour unité la chaleur que le soleil nous envoie en une heure, nous trouvons à la fin de l'année que l'excès du calorique accumulé au pôle boréal est égal à la perte éprouvée par le pôle antarctique, et que la différence totale d'un hémisphère à l'autre peut être numériquement exprimée par le double, c'est-à-dire par trois cent trente-six fois la quantité moyenne de chaleur que la terre reçoit du soleil en une heure.

Telle est l'explication de l'inégal refroidissement que les météorologistes constatent à la surface de notre globe. Comme on le voit, elle n'est que le résultat d'une série de considérations purement astronomiques, et elle nous paraît d'autant plus digne de fixer l'attention qu'elle rend compte en même temps de la grande affluence des eaux vers l'hémisphère le plus froid.

Reportons-nous, en effet, par la pensée, à la première époque de la création, lorsque la terre se trouvait entièrement couverte par les flots de la mer. En raison de l'uniformité de cette enveloppe liquide, prenons pour point de départ le moment où le centre de gravité de notre planète coïncidait exactement avec son centre de figure. Dès le premier hiver, et grâce à la différence qui existe dans la durée de cette saison pour les deux hémisphères, les glaces se sont inégalement amoncelées comme des couronnes flottantes vers les régions polaires. Dans ces conditions, malgré l'excès du froid de l'hémisphère austral, rien n'a pu altérer l'équilibre du globe. Mais après des milliers d'années, si des siècles n'ont pu suffire, les glaciers antarctiques, bien avant ceux du pôle boréal, ont dû atteindre le fond de l'Océan et reposer de tout leur poids sur la croûte solide. L'atmosphère chargée d'humidité n'a cessé de répandre en ce point ses vapeurs congelées. De nouvelles masses ont ainsi pu agir sans relâche, avec une force croissante, sur une seule extrémité de notre axe polaire. Dès ce moment, l'équilibre a dû être détruit. Le centre de gravité a été ébranlé; il a incliné vers le sud et s'est progressivement avancé sur le rayon qui joint le pôle surchargé au centre de figure. Dès lors, quel est le résultat de ce déplacement subit vers les régions australes? N'est-ce pas, dans cette direction, un mouvement analogue et simultané de toutes les parties de la masse liquide?

Ainsi, le centre d'attraction de cette même masse qui, d'après les principes de l'hydrostatique, doit tou-

jours se confondre avec le centre de la sphère formée
par la surface régulièrement sphérique des mers, ce
centre d'attraction, disons-nous, diffère donc sensiblement de celui de la sphère terrestre. Les calculs des
mathématiciens ont évalué à dix-sept cents mètres
environ leur écartement réciproque; et, le fait de cette
excentricité démontré, ils ont pu constater encore que
l'action attractive des glaces antarctiques était parfaitement suffisante pour le produire et pour le maintenir (19).

Mais si telles sont les causes et l'origine de l'étendue
et de la profondeur des mers qui enveloppent la plus
grande partie de l'hémisphère austral, nous ne pouvons manquer de retrouver encore empreintes à la surface de notre globe les traces du grand cataclysme qui
les a fait ainsi affluer d'un seul côté de l'équateur.
Dans ce déplacement de la couche liquide, dans ce
bouleversement général, dans ce déluge enfin, ce fut
du nord au sud que s'accomplit le mouvement des
eaux d'un hémisphère à l'autre. C'est donc au nord
que les premières terres ont dû émerger de l'abîme;
c'est là qu'ont dû se dessiner les contours incertains
des premiers continents. Dans le sud, au contraire,
tout doit porter l'empreinte d'une immersion profonde.
Que l'on jette les yeux sur une mappemonde, que l'on
consulte les travaux de sondage du commandant Maury,
et que l'on nous dise après si les régions de l'hémisphère austral ne présentent pas tous les caractères
d'un monde submergé. Voyez dans cette direction

comment se terminent l'Afrique, l'Amérique, les Indes elles-mêmes. Voyez le cap Horn et le cap des Tempêtes; voyez les mers du Sud et les grands golfes de l'océan Indien! Partout des eaux profondes et des côtes à pic; partout des caps saillants, des pointes avancées; partout enfin des îles qui dominent les flots comme des sommets de montagnes et comme les derniers pitons de chaînes englouties. Examinons maintenant, au contraire, la physionomie d'une terre sortant du sein des eaux, ou mieux encore l'aspect d'un vaste continent que la mer abandonne. On verrait tout d'abord les îles augmenter en nombre et en grandeur; on verrait peu à peu les isthmes se former, les réunions se faire, et les langues de terre, continuant à s'avancer toujours, à s'élargir, à s'étendre, finiraient par embrasser un immense réseau de lagunes, de lacs et de mers peu profondes. Tels sont, en effet, les caractères assez distincts que nous présentent dans leur ensemble, l'Europe, l'Asie et l'Amérique septentrionale. Par une étrange coïncidence, c'est là que se rencontrent réunis les lacs, les mers fermées et la plupart des golfes sinueux et étroits. Depuis la Baltique jusqu'à la Caspienne et à l'Aral, depuis les lacs *Érié*, *Ontario*, jusqu'aux innombrables criques dont sont littéralement dentelées les côtes de la Suède, de la Finlande et du Danemark, tout porte la trace incontestable d'une terre autrefois inondée et abandonnée depuis peu par les flots de la mer.

Ce qui rend plus vraisemblable encore le mouvement général de la masse liquide et son déplacement du pôle boréal vers le pôle antarctique, c'est l'étonnante loi, loi presque mathématique, que l'on est bien surpris de rencontrer ici, dans la distribution actuelle des eaux à la surface de notre globe. En descendant du nord au sud, en effet, le rapport de la terre à la mer, sur chaque parallèle, suit une progression régulièrement décroissante et dans laquelle aucun terme ne rétrograde sur le terme qui le précède.

Une autre preuve non moins remarquable de l'impulsion qui fut communiquée aux eaux dans leur dernier mouvement de retraite vers l'hémisphère austral, c'est la direction constante dans laquelle on observe les terrains et les blocs erratiques, par rapport au lieu de leur gisement primitif. L'irrésistible force qui entraînait, parfois jusqu'à des distances énormes, ces masses de granit, les a toujours emportées vers le sud, en suivant l'arc du méridien terrestre. Cette force, qui paraît encore un mystère aux yeux d'un certain nombre de savants de l'époque, nous semble pour nous, au contraire, tout naturellement produite par le courant des eaux et par la débâcle des glaces de la zone polaire. C'est d'ailleurs, on doit s'en souvenir, le même mode de translation que nous avons admis pour expliquer la formation des bancs de Terre-Neuve (20).

En résumant l'ensemble de toutes les considérations qui précèdent, nous voyons que c'est à l'inégalité des saisons dans les deux hémisphères qu'il faut attribuer

la principale cause du grand cataclysme qui a boule-
versé les eaux à la surface de notre globe. En demeu-
rant dans cet ordre d'idées, cherchons maintenant à
découvrir ce que la science par excellence, la science
des astres, peut nous apprendre encore au sujet de la
dernière époque de cette catastrophe et de ce déluge.

Nous savons déjà que la rotation de la terre détermine et maintient le parallélisme constant de notre
axe polaire. Mais il existe, en réalité, une seconde
force, qui doit avec le temps l'altérer, le détruire;
c'est celle qui tend sans cesse à ramener vers l'écliptique le plan de l'équateur. Son action est produite
par l'inégale attraction que le soleil exerce sur la partie renflée de la sphère terrestre; la double influence
à laquelle se trouve ainsi soumis l'axe de notre globe,
l'oblige à s'incliner et à décrire une surface parfaitement conique autour de la perpendiculaire au plan de
l'écliptique. Ce léger mouvement rotatoire détermine nécessairement à son tour un mouvement correspondant dans les positions successives de la ligne des
équinoxes. Or cette ligne, toujours perpendiculaire
à notre axe polaire et en même temps située dans les
deux plans de l'écliptique et de l'équateur, ne doit se
confondre avec la ligne qui joint le soleil au centre de
la terre, qu'aux deux époques de l'année où la durée
des nuits devient égale à la longueur des jours pour
tous les points placés à la surface de notre globe. Dès
lors, il devient évident que le retour de ces deux
époques subira exactement la même variation que

celle à laquelle notre axe polaire se trouve lui-même soumis.

Cette variation, qui porte en astronomie le nom de *précession des équinoxes*, quelque légère qu'elle puisse paraître, détermine cependant, dans le retour périodique de chaque saison, une avance dont la durée s'élève à cinquante et même à soixante et une secondes, si l'on tient compte, en outre, de la déviation annuelle que l'attraction planétaire exerce sur l'axe de notre orbite. En divisant par ce nombre de secondes les trois cent soixante degrés de la circonférence, on trouve qu'il doit s'écouler une période de vingt et un mille ans entre l'époque actuelle et le moment où les mêmes saisons reviendront exactement aux mêmes points de la sphère céleste.

Pour fixer les idées, prenons, par exemple, dans notre ère chrétienne, l'année 1248, dans laquelle le premier jour de l'hiver correspondait précisément au passage de la terre au périhélie. Comme on le sait, c'est le point de l'orbite où notre planète se trouve le plus près du soleil. D'après ce que nous avons déjà pu constater sur les causes qui déterminent l'inégale durée des saisons et la différence de température dans les deux hémisphères, nous devons donc conclure que c'est au milieu du treizième siècle qu'ont appartenu les plus courts hivers de nos contrées, et que c'est à la même époque, par suite, que les glaciers polaires ont été le plus inégalement surchargés. Mais si les calculs qui précèdent sont justes, dix mille cinq cents ans suffisent pour nous placer au point de l'orbite le plus éloigné du soleil dans des conditions diamétralement opposées par rapport à la durée des saisons de la terre. En d'autres termes, onze mille ans environ avant l'âge actuel, c'étaient les régions septentrionales qui subissaient l'effet maximum du refroidissement, c'était au pôle boréal que se trouvaient amoncelées les masses les plus considérables des glaces éternelles ; c'était enfin dans l'hémisphère nord qu'avait afflué la plus grande partie des eaux de l'Océan.

Maintenant, si à partir de cette époque, éloignée de la nôtre de près de cent dix siècles, nous suivons la marche progressive du temps, nous trouvons que jusqu'à l'année 1248 de notre ère, l'hémisphère austral n'a cessé de se refroidir pendant toute la durée de cette longue période. Nous sommes donc conduits naturellement à admettre, suivant la loi du refroidissement proportionnel au temps, qu'au bout de cinq ou six mille ans, les glaces en voie de formation des régions antarctiques sont parvenues seulement à égaler et à faire équilibre aux glaces en fusion du pôle boréal. Par conséquent, ce n'est qu'à partir d'une époque qui ne peut remonter loin de nous au delà de quarante ou de cinquante siècles, qu'a eu lieu d'un hémisphère à l'autre le déplacement du centre d'attraction de la sphère liquide, et, par suite, la catastrophe diluvienne qui semble devoir en être la plus rigoureuse et la plus inévitable conséquence. Telle est la parfaite coïncidence que l'on parvient ainsi à établir entre l'enchaînement des lois astronomiques et les conclusions les plus positives de la géologie moderne. Ces conclusions, d'ailleurs, comme personne ne l'ignore, sont conformes à la version de Moïse et au récit sur l'Atlantide de Platon. Elles s'accordent en outre, sur le même point, avec la plupart des traditions anciennes de l'Inde, de l'Égypte, de la Grèce, et en général avec tous les mythes célèbres de l'Orient et de l'Occident.

Une autre conséquence non moins étrange résulte nécessairement de l'influence périodique et régulière que la *précession des équinoxes* fait subir à chacun des deux hémisphères; c'est que dix mille cinq cents ans après l'époque du dernier cataclysme, une nouvelle oscillation, un nouveau renversement des flots de l'Océan doit encore exposer la terre à une semblable catastrophe, à un nouveau déluge. Ce serait vers les régions du nord que se manifesterait le mouvement des eaux dans cette période. Quelque surprenant et imprévu que nous paraisse d'abord un pareil dénoûment, il est permis cependant de ne pas le considérer encore comme le dernier terme des révolutions du globe. Cette idée d'un nouveau bouleversement par les eaux de la mer ne semble pas étrangère, d'ailleurs, aux traditions religieuses de la plupart des peuples. Elle perce déjà dans le culte des Druides et dans la mythologie des Celtes et des Scandinaves. « La terre s'engloutira dans le sein de l'abîme, d'où elle s'élèvera de nouveau, » nous dit la sibylle des Fenris et du Midgaard, dans la prophétique légende de la Vala. La même idée se retrouve dans les visions de l'Apocalypse et dans les lamentations du prophète Daniel. « Le monde périra et se renouvellera un jour, de la même manière qu'il a péri et qu'il s'est déjà renouvelé. » Mais les évangélistes saint Luc et saint Matthieu paraissent encore plus explicites sur le même sujet, quand ils disent que « ce qui arriva du temps de Noé arrivera de même quand le Fils de l'homme reviendra sur la terre » (21).

On doit comprendre que notre intention n'est point de soulever ici l'impénétrable voile de l'avenir. Insensés sont les efforts de l'homme qui veut dérober à Dieu ses secrets, aux siècles futurs leurs mystères! En laissant donc sur un pareil sujet une très-large part aux choses inconnues, nous nous contenterons de contrôler la justesse de la théorie précédente, par le seul témoignage des observations météorologiques anciennes ou modernes. Ainsi, nous avons vu que, d'après la loi de la précession des équinoxes, notre hémisphère devait commencer à se refroidir à partir de l'année 1248 de notre ère, c'est-à-dire depuis six siècles environ. Si le principe est juste, les effets n'ont pu manquer de devenir sensibles pendant cet assez long intervalle de temps. Arago, il est vrai, dans une note fort connue sur la chaleur moyenne de la terre, tend à démontrer l'invariabilité de la température moyenne à la surface de notre globe (22). Mais d'abord, tous les faits observés à des époques également distantes du milieu du treizième siècle, n'infirment en

rien l'idée qui a été émise, et les exemples des hivers
rigoureux, cités d'après les témoignages de Diodore
de Sicile, de Dion Cassius et de Strabon, prouvent
au contraire que la température diminue d'autant
plus que l'on s'éloigne davantage du dernier terme de
la progression que nous cherchons à vérifier. L'illustre
académicien reconnaissait d'ailleurs, les documents
historiques à la main, que depuis quelques siècles en
France certaines cultures, celle de la vigne surtout,
subissaient un mouvement rétrograde en se déplaçant
lentement des provinces septentrionales vers les provinces du Midi.

A propos du refroidissement de notre hémisphère, et
particulièrement au sujet de l'accumulation des glaces
vers les régions polaires, il existe des observations
plus directes et plus concluantes encore. Ce sont celles
qui nous sont fournies par l'étude attentive de la formation et du développement des glaciers de la chaîne
des Alpes. Les auteurs les plus compétents en ces matières, MM. Gubner, Agassiz et Rivatz sont unanimes
pour reconnaître que la quantité de neige qui tombe
en Suisse chaque hiver est plus considérable que celle
que l'été a fait fondre. Il est peu de cantons où il ne
soit aisé de suivre les progrès de cet accroissement incessant. Des villages, des bois, des vallées entières, ont
déjà disparu sous les glaces. Des voies de communication, praticables encore au commencement de ce siècle,
sont aujourd'hui fermées ou à peine accessibles aux chas-
seurs de chamois. Presque partout apparaissent les tra-

ces d'un envahissement; les traditions du pays le constatent, les actes les plus authentiques en font foi 23).

Mais c'est en remontant vers les régions polaires
qu'il devient surtout important de rencontrer la preuve
du développement des glaces boréales. Dans le récit
des dernières expéditions envoyées à la recherche de
Franklin, n'est-on pas surpris de voir qu'on a trouvé
des traces de culture et d'habitation dans des lieux
désolés d'où la vie semble à jamais proscrite, et où le
sol a déjà disparu sous un épais manteau de neiges
éternelles? On sait à quel prix on a pu affronter les
hivers et même les étés de la terre de Bank et de l'île
de Melville.

Quand Willhoughby découvrit le Spitzberg, dans le
seizième siècle, les traditions scandinaves, dit Malte-
Brun, faisaient mention de vastes terres désertes qui
s'étendaient du Groënland à la Russie septentrionale.
A cette époque de découvertes et de voyages aventu-
reux, on croyait fermement qu'il existait, au milieu
des régions arctiques, une libre voie de communication, ouverte jusqu'aux confins de l'extrême Orient.
Il n'est pas de dangers que l'on n'ait affrontés de nos
jours pour se frayer un passage au sein de ces inhospitalières contrées. Quel est, au résumé, le fruit de tant
d'efforts? quel est le résultat de tant d'audacieuses
entreprises? N'est-on pas, en vérité, tenté de croire
que chaque année fait surgir sur nos pas des périls imprévus, des obstacles nouveaux? Le temps semble
élargir sans cesse et étendre vers nous la ceinture de

glace contre laquelle sont venus naguère se briser et s'ensevelir les vaisseaux de Franklin, de Mac Clure, de Belcher et de Kane. Nous avons déjà parlé des incroyables difficultés qu'eut à surmonter l'intrépide docteur américain, pour parvenir sur les bords de cette mer polaire, de cette mystérieuse Polynia qu'il eut la gloire de découvrir et de saluer le premier. Une pareille découverte, on doit en convenir, ajoute une singulière importance à la vérité du principe qui sert de base à cette théorie. Le vide qui s'étend ainsi au pôle boréal ne peut qu'augmenter l'énergique influence de l'action dynamique qui tend à déplacer le centre de gravité de la sphère liquide du côté de la masse compacte des glaciers antarctiques.

Mais, s'il est vrai que depuis six cents ans notre hémisphère soit entré dans une période de refroidissement, nous devons retrouver au sud de l'équateur la preuve d'un mouvement contraire, et, quelque légère qu'en soit la variation, nous devons pouvoir constater un progrès et une élévation quelconque dans la moyenne de la température de cette partie du globe. Dans son premier voyage, en effet, le capitaine Cook, après avoir contourné l'infranchissable barrière de glaces qui s'étendait alors jusqu'à la hauteur du soixantième degré de latitude sud, affirmait qu'il était impossible de pénétrer plus avant dans les régions polaires. Soixante années plus tard cependant, les capitaines Ross et Dumont-d'Urville réussissaient à atteindre les environs du soixante-cinquième parallèle, en découvrant les terres Louis-Philippe, Adelie et Victoria. Ainsi donc se vérifie, pour les deux hémisphères, l'une des conséquences les plus importantes que nous avons déduites de la loi astronomique sur la précession équinoxiale.

S'il nous a été facile d'en vérifier la justesse pour l'époque actuelle, l'étude de la géologie vient à notre aide pour nous faire suivre la trace et les effets des révolutions qui ont précédé le dernier cataclysme de notre globe. « C'est par l'observation des fossiles, dit Cuvier, que nous apprenons d'une manière assurée le fait important des irruptions répétées de la mer, et que nous pouvons espérer d'en connaître un jour le nombre et les époques (24. » « Je crois, dit-il plus loin, que la surface de notre globe a été victime d'une grande et subite révolution, dont la date ne peut remonter au delà de cinq ou six mille ans. Cette révolution a englouti les pays habités; elle a mis à sec les terrains jusque-là recouverts par les eaux de la mer: ce sont les contrées que nous habitons aujourd'hui et qui nous offrent à chaque pas les vestiges d'animaux terrestres antérieurs à nous. Avant leur dernière émersion, elles avaient déjà subi deux ou trois irruptions de la mer, si on peut en juger par les différents ordres d'animaux dont on retrouve les dépouilles. Telles sont maintenant les alternatives qui paraissent les problèmes de géologie les plus importants à résoudre; mais pour y parvenir, faudrait-il connaître avant tout l'origine des grands événements qui en furent la cause. »

Quelle est donc la nature de cette cause initiale que Cuvier signale avec raison comme le véritable nœud de l'énigme géologique? N'est-ce pas la puissante attraction que les masses polaires exercent alternativement, comme nous l'avons vu, sur la sphère liquide? N'est-ce pas la force irrésistible qui, suivant l'invariable loi de la précession régulière des équinoxes, doit faire osciller périodiquement le centre de gravité du globe, en déplaçant, en entrainant avec lui, d'un hémisphère à l'autre, la plus grande partie des flots de l'Océan? Dix mille cinq cents ans composent la durée de chaque période. Quant à l'ordre dans lequel se sont accomplis ces bouleversements, nous pouvons presque en contrôler la justesse, en observant le gisement des innombrables débris de fossiles accumulés dans nos contrées septentrionales par la dernière des irruptions qui ont précédé le déluge. C'était évidemment du sud qu'arrivait cette fois l'invasion de la mer. C'était du midi vers le nord que se déroulait l'Océan, inondant de ses flots les contrées habitées, et chassant, refoulant devant lui les animaux terrestres du monde primitif. Traqués d'un côté par les eaux, tous ces lourds pachydermes, éléphants, mastodontes, mammouths et cerfs géants, remontaient vers le nord, fuyant, fuyant sans cesse jusqu'aux zones glacées de nos régions polaires. C'est là qu'épuisés par la faim, engourdis par le froid, ils venaient s'abattre et s'engloutir en masses innombrables : gigantesque hécatombe, dont les ossements gisent encore intacts, amoncelés en couches larges et profondes, sur les côtes glacées de l'Amérique et de la Sibérie.

> Ce fut alors qu'on vit des hôtes inconnus
> Sur ces bords étrangers tout à coup survenus ;
> Le cèdre jusqu'au Nord vint écraser le saule ;
> Les ours noyés, flottant sur les glaces du pôle,
> Heurtèrent l'éléphant loin du Nil entraîné [1] !

L'idée des grandes oscillations et des déplacements périodiques de la mer a déjà plus d'une fois occupé les esprits. A la fin du siècle dernier, Bertrand de Hambourg soutenait qu'une pareille perturbation était due à l'action magnétique d'une grande masse aimantée qui, sous l'influence et à l'approche d'une comète, pouvait se mouvoir d'un hémisphère à l'autre, dans l'intérieur de l'écorce terrestre (25). C'est encore à l'intervention des comètes, ou plutôt aux chocs multipliés produits par leur rencontre avec notre planète, que M. de Boucheporn attribue les révolutions successives de la surface de notre globe. Il suppose, à cet effet, que la violence des chocs a été suffisante pour détruire brusquement le parallélisme de notre axe de rotation, et par conséquent assez considérable pour changer complétement la position de l'équateur terrestre.

C'est d'après un pareil système de déplacement que sont développées les considérations de Frédérick Klée, sur les derniers cataclysmes du globe. Le géologue

[1] Alfred de Vigny.

danois s'occupe peu de la cause première ; il ne considère que le fait accompli. Il admet que l'équateur ancien faisait un angle droit avec le plan de notre équateur actuel, et que c'est l'intersection de ce dernier plan avec le méridien de l'île de Fer, qui marque à peu près la position qu'occupait le pôle boréal du monde primitif. En d'autres termes, il croit qu'avant le déluge l'équateur se trouvait aux pôles et les pôles à l'équateur.

Cette révolution de quatre-vingt-dix degrés une fois admise, il devient aisé de déduire, des seuls effets de la force centrifuge, les débordements de la mer, l'inondation des anciens continents, le soulèvement du sol et la formation des chaînes de montagnes dans les zones équatoriales les plus exposées à l'action de la force expansive qui rayonne du centre de la terre. Telle serait, d'après Frédérick Klée, la cause à laquelle on devrait attribuer la réunion de tous les plus hauts plateaux de l'Amérique et de l'Asie, groupés, en effet, sur le grand cercle qui représente la position primitive de l'équateur terrestre. Mais, à partir du moment où s'est opéré le renversement de notre axe polaire, les mêmes effets de la force expansive ont dû se manifester dans une direction normale à la première, c'est-à-dire sur la ligne même de notre équateur actuel. L'auteur trouve la confirmation de cette singulière hypothèse, en observant, avec Léopold de Buch, Steffens et Alexandre de Humboldt, que non-seulement les principales chaînes de montagnes, mais encore les principales lignes de volcans, courent, perpendiculairement entre elles, du nord au sud et de l'est à l'ouest.

A la rencontre des deux équateurs, au centre même de l'Amérique, l'écorce terrestre aurait donc eu à subir l'effort d'une double tension. Il y aurait eu déchirement, convulsion et rupture, et cette rupture expliquerait justement l'immense brèche transversale, longue de plus de deux cents milles et hérissée de volcans, qui, d'après la remarque de Humboldt, partage les Andes, relie les deux Océans et semble encore se prolonger vers l'ouest, en rejoignant, par une longue chaine d'ilots volcanisés, le grand archipel des iles Sandwich. Dans ses conséquences, ce système se rapproche beaucoup de la classification de soulèvements que M. Élie de Beaumont a appliquée à la plupart des chaînes de montagnes de l'Europe. Comme on le sait, c'est encore à l'élévation soudaine des Cordillères au-dessus de la mer que le géologue français attribue la cause principale du dernier déluge.

Nous n'insisterons pas sur les objections auxquelles peuvent donner lieu ces différents systèmes. Nous nous contenterons de faire remarquer combien est peu solide la base sur laquelle reposent les théories uniquement fondées sur le déplacement de l'axe de la terre. Sans doute, si l'on admet *à priori* un tel point de départ, on peut se rendre compte ensuite d'un assez grand nombre de phénomènes dont l'explication a été fort difficile jusqu'à présent. Mais comment supposer raisonnablement que la rencontre d'un corps céleste, que le choc d'une comète, si l'on veut, ait pu détruire le *parallé-lisme* des *couples* et changer entièrement la direction de notre axe de rotation, sans laisser sur notre globe les traces d'un bouleversement profond? L'exemple le plus banal nous démontre l'impossibilité physique d'un tel déplacement. Quand une toupie tourne autour de son axe, elle peut osciller autour de cette ligne, elle peut s'incliner même jusqu'à heurter le sol, jusqu'à faire voler la poussière autour d'elle; mais quelle que soit la violence du choc, rien ne peut altérer le paral-lélisme respectif de chacun de ses points, par rapport à l'axe de rotation autour duquel elle a commencé à tourner. Les lois de la dynamique sont positives à cet égard. Dans un ellipsoïde de révolution, ce n'est que la déformation du corps qui peut entraîner le change-ment de l'axe. La mécanique céleste nous démontre qu'il ne peut en être autrement pour le mouvement de la sphère terrestre. Et puisque rien ne nous donne le droit de supposer une altération notable dans sa forme première, rien par suite n'a pu déterminer le déplace-ment de la ligne polaire, autour de laquelle s'accomplit la rotation diurne.

Telles sont les considérations qui donnent un double poids à la théorie que nous avons exposée sur les ré-volutions de la mer, en ne nous appuyant que sur l'inégale durée des saisons dans les deux hémisphères, et sur la marche régulière de la *précession équinoxiale*. Un tel point de départ a d'abord l'avantage de ne re-poser que sur les principes élémentaires de nos connaissances astronomiques ; il nous permet ensuite d'arriver à l'explication la plus naturelle de plusieurs phénomènes jusqu'ici obscurs et compliqués, tels que l'inégale grandeur des deux glaciers polaires, l'affluence des eaux dans l'hémisphère austral, et la progression très-régulière que l'on observe dans la répartition des eaux à la surface de notre globe. A plus d'un titre, comme on le voit, cette théorie, presque mathématique, semble digne de fixer l'attention. Elle est l'œuvre d'un de nos savants compatriotes, M. Adhémar ; et, bien que déjà fort répandue au delà de la Manche et du Rhin, elle ne jouit point encore parmi nous de la popularité que nous la croyons destinée à acquérir un jour. Elle se rattache directement aux questions météorologiques qui occupent le plus souvent les hommes spéciaux de notre époque ; elle fait ressortir, en maints passages, l'importance que l'on doit accorder aux grandes découvertes du commandant Maury. Aussi n'avons-nous pas hésité à la dépouiller de sa forme algébrique, pour l'exposer, moins nette et moins précise peut-être, mais à coup sûr plus accessible à la classe la plus nombreuse des lecteurs. Notre but serait atteint si, attirant sur elle l'attention des hommes compétents, nous pouvions espérer nous éclairer de leur critique et nous aider de leur appréciation et de leur jugement.

Pour les grandes questions qui s'agitent dans les hautes régions de la philosophie et de la science, nous partageons encore l'opinion des personnes qui croient que de la discussion peut jaillir la lumière.

CHAPITRE SIXIÈME.

LES TROIS OCÉANS.

D'après ce que nous venons d'établir relativement à la différence de la température, et à l'inégale répartition des eaux dans les deux hémisphères, nous ne devons point être surpris de rencontrer, des deux côtés de l'équateur, des caractères bien distincts dans la circulation des principaux courants qui sillonnent le sein de l'Océan. Dans le nord de l'Atlantique, nous savons déjà que les eaux tièdes du Golfstrim et du flot équatorial refoulent et pénètrent les eaux polaires du détroit de Davis. La masse froide cède, se transforme et s'échappe en partie par le contre-courant de surface qui baigne de ses flots glacés la côte sinueuse des États-

Unis. Dans le Pacifique septentrional, ce sont encore les eaux chaudes de l'équateur qui conservent la supériorité, on pourrait presque dire l'avantage du choc, dans leur rencontre avec le courant glacial qui, par le détroit de Behring, descend de l'océan Arctique. Mais si l'on observe dans leur marche les courants de l'hémisphère sud, on ne tarde pas à s'apercevoir que les rôles sont tout à fait changés. C'est le flot antarctique qui pénètre au contraire, et qui refoule devant lui les eaux suréchauffées des zones tropicales. C'est lui, comme nous l'avons vu, qui vient se partager contre la pointe du cap Horn pour envahir ensuite et inonder l'Atlantique dans toute sa largeur. Il ne laisse qu'un étroit passage aux contre-courants équatoriaux qui tendent à remonter au sud. Il les comprime vers la terre, et les réduit à se frayer une voie de sortie, d'un côté en suivant la côte du Brésil, de l'autre en s'échappant tout le long de l'Afrique jusqu'au delà du cap de Bonne-Espérance et du banc des Aiguilles. Mais c'est surtout quand on considère à l'orient le vaste flot polaire qui se déroule entre l'Afrique et l'Australie, que l'on peut se rendre compte des effets manifestes de la pression qu'il exerce sur les eaux chaudes et dilatées de l'océan Indien. Dans cette mer intertropicale fermée au nord par des contrées brûlantes, la température s'élève au-dessus des limites connues dans la mer des Antilles et dans le golfe de Mexico. Le thermomètre y marque quelquefois plus de trente degrés centigrades, et l'évaporation annuelle n'est pas évaluée à moins d'une vingtaine de pieds environ. Tout concourt donc à favoriser sur ce point l'alimentation des puissants courants équatoriaux qui doivent tendre à se répandre dans toutes les directions, à la surface de l'Océan. Ces courants toutefois semblent ne pouvoir se frayer un passage qu'en suivant les rivages du continent asiatique et du continent africain, vers lesquels ils sont constamment refoulés et comprimés par le flot polaire des régions antarctiques.

Telle est, en effet, l'origine du fameux courant de Mozambique ou de *Lagullas*, qui prend naissance dans la mer d'Arabie, et dont nous avons déjà suivi le cours vers l'occident jusqu'à sa rencontre, sur le banc des Aiguilles, avec le courant latéral qui s'échappe de l'Atlantique à la hauteur du cap de Bonne-Espérance.

Les eaux chaudes et dilatées du golfe du Bengale trouvent une autre issue pour se répandre à l'est, entre l'île de Sumatra et la presqu'île de Malacca. Enrichi par l'abondant tribut que lui apportent dans cette direction les mers de Java et de Chine, ce courant équatorial remonte tout le long de la côte d'Asie, débouche au nord des Philippines, et s'élance de là dans le grand Océan, qu'il franchit sur un arc du grand cercle, jusqu'aux îles Aléoutiennes. Comme le Golfstrim dans l'Atlantique, il adoucit le climat des contrées qu'il traverse; il répand au loin les bienfaits de ses tièdes vapeurs. Comme le Golfstrim, il attire à lui les orages et s'enveloppe d'une épaisse couche de brume, en arrivant vers les latitudes élevées des régions septentrionales.

L'analogie que l'on peut établir, en comparant entre
eux ces deux puissants courants, est vraiment surpre-
nante. Leur similitude commence dès leur point de
départ. L'un et l'autre s'échappent par des passes
étroites : dans l'Inde par le canal qui sépare la presqu'île siamoise de l'île de Sumatra ; aux Antilles par
le détroit qui existe entre la Floride et Cuba. A leur
sortie, Bornéo nous représente assez exactement Bahama avec ses grands bancs à l'ouest et le vieux canal
de la Providence au midi.

Plus loin les Philippines répondent aux Bermudes,
les îles du Japon à l'île de Terre-Neuve. Les côtes de la
Chine, baignées par un contre-courant froid qui sort
du Kamtschatka et qui s'interpose comme un corps
isolant entre l'Asie et le grand courant chaud du
golfe du Bengale, les côtes de la Chine, disons-nous,
se présentent avec le même climat et l'aspect général
des rivages des États-Unis, baignés eux aussi par le
contre-courant polaire qui descend de la mer de Baffin
et qui se répand vers le sud en se frayant un passage
entre le Golfstrim et la terre. Sur l'un et l'autre continent, c'est au contact immédiat de ces eaux glaciales
qu'il faut attribuer la quantité énorme et surtout l'excellence des poissons qu'on trouve sur la côte. Les
pêcheries du Japon sont effectivement, dans l'extrême
Orient, en aussi grand renom que peuvent l'être parmi
nous celles des bancs de Terre-Neuve et de Saint-Pierre
et Miquelon [1].

[1] On admet généralement que le poisson qui vit dans l'eau froide

Nous pouvons pousser plus loin notre comparaison, bien que nous ne trouvions pas au nord du Pacifique un lieu d'aboutissement pour les glaces polaires analogue à celui que l'on observe au point où le Golfstrim rencontre les eaux froides de l'océan Arctique. Géographiquement, le détroit de Behring répond à celui de Davis; mais le courant n'agit qu'à la surface, et son lit n'est pas assez profond pour laisser un passage aux montagnes flottantes que la débâcle entraîne de la mer Boréale. Les seuls glaçons qui pénètrent parfois jusque dans ces régions viennent du Kamtschatka et de la mer d'Okhotsk. Sans issue vers le nord, les eaux chaudes du Pacifique sont arrêtées dans leur cours par la presqu'île d'Alaïska. La configuration des terres les oblige à s'infléchir à l'est, à revenir au sud et à descendre le long de l'Amérique de la même manière que les eaux du Golfstrim viennent baigner l'Europe occidentale

est, pour la table, de meilleure qualité que celui qui se trouve dans les eaux chaudes. D'après l'itinéraire des courants que nous avons tracé, on peut donc conclure que l'Amérique du Nord, les côtes de la Chine et les côtes septentrionales de l'Europe, sont les régions les plus abondamment pourvues en excellents poissons. Nous voyons, en effet, que les pêcheries de Terre-Neuve et de la Nouvelle-Angleterre sont alimentées par les eaux froides du courant de Davis. Il en est de même pour les pêcheries du Japon, situées dans le courant d'eaux froides qui descend de la mer d'Okhostk. Ni l'Inde, ni l'Afrique, ni l'Amérique du Sud, ne sont renommées pour la qualité de leur poisson. D'après ces observations, on serait donc forcé de reconnaître l'infériorité du poisson de la Méditerranée sur celui de l'Océan, où pour des latitudes égales la température des eaux est toujours moins élevée.

et côtoyer l'Afrique jusqu'au delà des îles du Cap-
Vert.

Dans cette nouvelle direction, on peut observer
encore l'analogie qui existe dans la température des
côtes ainsi directement soumises à l'action du courant.
En Orégon, à Vancouver, à Washington, le climat
diffère peu de celui dont on jouit en Europe depuis la
Suède jusqu'aux environs des îles Britanniques. Plus
bas, San-Francisco sous ce rapport se rapproche assez
de l'Espagne, et les plaines arides du Mexique et de la
basse Californie rappellent les déserts de la Sénégambie
et du Maroc. — Ainsi se trouve entièrement confirmée,
par la double étude des courants et des vents, l'exactitude du principe météorologique énoncé par Forster
et soutenu par Humboldt : « Dans notre hémisphère,
les côtes occidentales jouissent en général d'une température moyenne beaucoup plus élevée que les côtes
orientales des mêmes continents (26). »

La démonstration de ce principe semble avoir également préoccupé plusieurs fois Arago, pendant le cours
de sa longue carrière scientifique. Notre illustre com-
patriote ne posséda à cet égard des données suffisantes que lorsque les observations thermométriques
faites pendant la campagne de la frégate *la Vénus*
eurent mis sur les traces du nouveau Golfstrim qui
traverse le Pacifique. La découverte du contre-courant
froid qui baigne l'Asie en descendant du nord rendit
cette proposition plus évidente encore, et de nos jours
enfin les travaux de Maury et les derniers voyages

dans l'océan Arctique nous permettent d'en vérifier la justesse jusqu'aux derniers confins des terres boréales [1].

Il existe encore quelques analogies curieuses entre le Golfstrim de l'Atlantique et le puissant courant qui traverse le grand Océan. Au centre du mouvement circulaire, toujours dirigé vers la droite, dont nous venons de décrire le cours, on trouve encore entre l'Amérique et l'Asie, immobiles depuis des siècles, ces bancs d'herbes flottantes, ces verdoyantes prairies d'algues et de varechs qui, sous les mêmes latitudes, stationnent aussi dans le triangle formé par les Açores, par les Canaries et par les îles du Cap-Vert. C'est là que s'amoncellent, à l'abri du courant, les abondants débris de la végétation sous-marine des régions tropicales. Mais à côté de ces zones paisibles, on rencontre bientôt les flots impétueux qui charrient vers le nord les arbres entraînés des mers de l'Indo-Chine. Ce sont les camphriers de Formose et les bois noirs dont l'essence atteste l'origine. Ils viennent en grand nombre s'échouer sur les îles Aléoutiennes, et fournissent aux habitants de ces terres glacées les seuls bois de chauffage qu'un climat trop sévère semble leur refuser.

Les Japonais, dit le lieutenant Bent, connaissent l'existence du courant qui vient baigner leurs côtes. Ils l'appellent le fleuve Noir (27) [2]. C'est assez indi-

---

[1] OEuvres de François Arago, tome V, chap. XXXVIII.
[2] Kuro-Siwo.

quer le contraste que sa couleur présente, au milieu des eaux communes de l'Océan. Dans l'Atlantique, on doit s'en souvenir, le Golfstrim offre aussi les mêmes caractères.

Nous avons pu suivre les deux principaux courants de l'océan Indien depuis le cap de Bonne-Espérance jusqu'à l'extrémité du Pacifique nord. Il en existe un troisième dont les limites sont moins nettement définies, il est vrai, mais qui semble cependant venir s'alimenter encore au sein des mêmes mers intertropicales. Le détroit de Malacca n'offre pas, en effet, une issue assez large aux eaux chaudes et dilatées qui, sous la pression de la masse polaire, tendent à s'écouler du golfe du Bengale. Une branche considérable s'en détache en courant obliquement au midi et à l'est. Elle fuit tout le long des îles de la Sonde, pénètre dans la mer de Corail, débouche au sud de l'Australie, et continue sa course jusqu'au delà de la Nouvelle-Zélande, en divisant le flot des régions antarctiques.

C'est à la présence de ces eaux chaudes, ainsi entraînées par le courant équatorial, qu'est due probablement, dans les glaces australes, l'échancrure profonde qui a permis au capitaine Ross de s'avancer dans cette direction au delà des limites atteintes par ses prédécesseurs.

Il nous reste encore à examiner maintenant quels peuvent être les principaux caractères des courants du Pacifique sud. Comme on le prévoit aisément, c'est dans cette partie de l'hémisphère austral que la circulation générale des eaux a été jusqu'à présent le moins régulièrement observée. Grâce à Humboldt, cependant, nous savons déjà comment le flot polaire des régions antarctiques fait son entrée dans le grand Océan. Il descend, à partir du cap Horn, tout le long des côtes d'Amérique: il embrasse les iles Chiloé, baigne le pied des Andes, tempère le climat du Chili, du Pérou, s'infléchit vers la gauche, et finit par disparaître au sein des zones tropicales.

Mais entre ce courant de Humboldt et le grand flot d'eaux chaudes qui du centre du Pacifique déborde à la surface et remonte à la rencontre des eaux froides du pôle, il existe une immense région dont la physionomie est étrange et l'aspect désolé. La mer immobile y parait déserte, abandonnée. Jamais la baleine ne sillonne ses flots ; jamais l'alcyon, le pétrel, ne rasent sa surface. Loin des grandes routes ouvertes au commerce par la navigation, elle est restée longtemps peu connue et presque inexplorée ; le hasard seul des vents et des tempêtes y entraînait parfois un navire égaré. Ce n'est que depuis la découverte de l'or de l'Australie et depuis l'exploitation du guano du Pérou, qu'elle est fréquentée par tous les bâtiments qui vont des mers du Sud à Hobart-Town et à Sydney.

Tous les journaux de bord, toutes les relations de voyage s'accordent pour représenter sous les mêmes couleurs le tableau qu'offre effectivement cette mer désolée. Quand on a doublé le cap Horn, on est entouré, poursuivi pendant des semaines entières par

des nuées d'oiseaux très-communs dans les régions
australes. Le fou, le satanique, le damier, le pétrel,
la mouette du Cap, escortent le navire, plongent autour
de lui, se posent sur ses mâts et suivent sans fatigue
son rapide sillage. Perdu au sein des mers, on se lie
d'amitié avec ces gracieux compagnons de voyage.
Après une nuit de tempête, quel est le marin qui ne
retrouve avec joie ces amis de la veille, bercés dans
le creux d'une lame ou prenant leur essor sur la crête
des flots? Il n'est pas jusqu'au gigantesque albatros
qui n'abandonne aussi la région des orages pour demeurer fidèle au navire avec lequel il cingle vers des
cieux moins sévères. Mais dès que l'on approche de la
mer désolée, tout fuit, tout disparaît, tout change.
On n'aperçoit plus l'alcyon, on n'entend plus le cri de
la mouette. L'atmosphère est sans bruit, les flots de la
mer sont muets, rien ne vient animer les horizons déserts. L'univers tout entier semble privé de vie, et
c'est sous l'impression de cet inexprimable sentiment
de tristesse que l'homme se retrouve tout seul, en
présence de Dieu et de l'immensité !

Nous arrivons ici au dernier terme du développement de la circulation générale des eaux de l'Océan.
C'est la limite elle-même que ne nous permet pas de
franchir l'état actuel de nos connaissances météorologiques. Nous avons cherché à découvrir d'abord
quels pouvaient être le rôle et la nature des divers
agents dynamiques qui concourent directement à la

formation des principaux courants. Nous avons pu
suivre ensuite, à travers l'Océan, le déplacement régulier de ces masses liquides. Nous en avons étudié le
cours, observé la vitesse; partout nous avons constaté
leurs merveilleux effets; partout nous avons pu reconnaître la justesse du principe qui a servi de base et de
point de départ à cette théorie. Toutefois, au milieu
même de l'harmonieux mécanisme qui régit la circulation de la mer, il existe encore des causes accidentelles de perturbations et de troubles : ce sont, dans
les mers polaires, les commotions produites par la rupture des banquises; dans les mers équatoriales, ce sont
les gonflements, les dénivellations soudaines qui ont
pour cause une brusque variation dans la température
ou la condensation subite des vapeurs entraînées par
les vents. On est fort surpris, en effet, quand on
cherche à se rendre compte du changement que les
résultats d'une précipitation ordinaire peuvent entraîner dans l'équilibre des couches superficielles de l'O-
céan. La chute d'un seul pouce de pluie sur la cinquième partie de l'Atlantique seulement, représente
un poids total bien plus considérable que celui de toutes
les eaux amoncelée pendant l'année entière entre
les rives larges et profondes du Mississipi : aussi, bien
que ces causes de trouble soient généralement locales,
leurs effets cependant se font sentir au loin. Ils se produisent au large sous forme de courants éphémères[1],
inconstants dans leur vitesse et dans leur direction.

[1] Tide-Rips.

Le navigateur cherche en vain à en suivre le cours,
à en observer l'origine. Ils glissent à la surface, et
n'apportent le plus souvent que des perturbations légères dans l'harmonieux ensemble des lois de l'Océan.
Mais il arrive aussi quelquefois que ces causes accidentelles déterminent sur certains points des commotions violentes. Ce sont, par exemple, les bouleversements subits qui sont vulgairement connus sous
le nom de *ras de marée*. Ils sont presque toujours le
prélude de destructions terribles. On voit en quelques
heures la mer se retirer du rivage : elle se replie sur
elle-même, elle se concentre, elle semble recueillir ses
forces. Puis elle revient tout à coup furieuse, irrésistible, en sortant de son lit et bondissant au delà de
toutes ses limites. C'est ainsi qu'elle envahit Lisbonne,
il y a près d'un siècle; c'est ainsi que, vers la même
époque, elle engloutit le port de Callao sous ses flots
déchaînés.

Quelles que soient les causes lointaines ou rappro-
chées de pareilles secousses, quelles que soient leur
énergie, leur durée ou leur intermittence, il est impossible cependant de les considérer comme des altérations sérieuses de l'admirable système d'équilibre et
de compensation que nous avons rencontré dans les
mouvements généraux de l'Océan. Ces bouleversements accidentels ne sont-ils pas plutôt les spasmes,
les convulsions fiévreuses de ce grand organisme dont
les pulsations normales et rhythmiques nous sont données par le flux des marées, et dont la circulation ré-

gulière semble être entretenue par tous les grands courants qui sillonnent les mers?

C'est, en effet, vers les couches profondes des zones tropicales que toutes les eaux froides aboutissent sans cesse, comme vers un foyer de chaleur et de vie. C'est là que du fond de l'abîme elles remontent à la surface, qu'elles s'y dilatent et s'y transforment sous l'action vivifiante des rayons du soleil. C'est de là enfin que, régénérées comme le sang qui s'échappe du cœur, elles jaillissent et débordent à travers le merveilleux réseau qui embrasse l'Atlantique, la mer des Indes et le grand Océan. Dès lors, les principaux courants ne nous apparaissent-ils pas comme les puissantes artères du monde océanien, comme les gigantesques aortes qui vont répandre jusqu'aux extrémités polaires leurs flots tièdes et bleus?

CHAPITRE SEPTIÈME.

ATMOSPHÈRE.

Principe général de la circulation de l'air. — Son analogie avec celle
de la mer. — Origine déjà connue des vents alizés et des vents
généraux. — Point de départ des nouvelles recherches. — Leur
but pratique. — Pourquoi tous les grands fleuves ne se rencontrent-
ils que d'un seul côté de l'équateur? — L'inégale répartition des
surfaces d'évaporation, dans les deux hémisphères, a conduit naturellement à l'hypothèse qui sert de base à cette théorie. — Vents
secs et vents pluvieux. — Leur croisement à travers cinq zones de
calme. — Lieux d'origine et lieux d'aboutissement. — Preuves
fournies par les retours périodiques des saisons sèches et des saisons
pluvieuses. — Sources du Mississipi. — Microscope d'Ehremberg.
— Agent inconnu. — Singulière application de la théorie d'Ampère à la circulation aérienne. — Directions opposées des tourbillons dans les deux hémisphères. — Ouragans et typhons. — Épisode
du *Berceau* et de la *Belle-Poule* dans les mers de l'Inde.

L'exposition théorique du système que nous présentons est fort simple. Elle peut se réduire au développement d'un seul principe : c'est celui du double circuit
que décrit une molécule d'air entraînée sans cesse de
l'un à l'autre pôle, et passant alternativement des régions élevées à la région inférieure de notre enveloppe
atmosphérique. Ce mouvement alternatif d'ascension
ou de descente ne s'accomplit que dans cinq zones
parfaitement distinctes. Pour tous les autres points

placés en dehors de ces bandes de transition, on admet l'existence de deux courants superposés et agissant dans deux directions entièrement contraires.

Ce système, en embrassant le mouvement de l'atmosphère dans son ensemble, modifie ou plutôt complète les résultats auxquels la science s'était arrêtée de nos jours.

Jusqu'ici, en effet, on est arrivé à expliquer d'une manière exacte' et presque rigoureuse l'origine des vents qui règnent constamment entre les deux tropiques. Également inclinés vers l'équateur et vers l'ouest, ils suivent deux directions perpendiculaires entre elles.

Galilée, le premier, avait soupçonné la véritable cause de cette déviation permanente vers l'occident. Bacon la niait, au contraire, et ce ne fut que dans le milieu du dix-huitième siècle que Halley, résumant les travaux de ses devanciers, démontra l'influence du mouvement diurne non-seulement sur les vents alizés des tropiques, mais encore sur les vents généraux qui règnent dans les régions tempérées. Sous l'action des rayons solaires, l'air échauffé près de l'équateur s'élève dans les couches supérieures et se trouve constamment remplacé par de nouvelles masses qui arrivent des pôles plus denses et plus fraîches.

Ainsi s'établit le premier mouvement de translation, parfaitement déterminé à la surface. Il se transmet du nord au sud, pour notre hémisphère, et n'est détourné de cette direction primitive que par les vitesses sans

cesse croissantes des parallèles qu'il franchit pour se
rendre à l'équateur.

De là résulte cette déviation considérable vers l'ouest,
de là enfin l'origine de ces vents du nord-est, qui
soufflent sans interruption depuis le trentième degré
de latitude nord jusqu'à la zone des calmes qui sépare
nos deux hémisphères.

Au-dessus de ce courant de surface, on comprend
la nécessité d'un mouvement de retour, s'accomplis-
sant en sens inverse, dans le but de maintenir l'équilibre entre les masses d'air chaud qui s'accumulent à
l'équateur et les vides correspondants qui se produisent
dans les régions polaires. Ce nouveau courant, dirigé
vers le nord, vient se déverser dans la zone tempérée
avec une vitesse acquise supérieure à celle des parallèles qu'il rencontre.

L'existence du contre-courant superposé aux vents
alizés peut être constatée par la présence des nuages
qui, dans les régions très-élevées de l'atmosphère,
marchent quelquefois à l'opposé des vents régnant à
la surface. Humboldt, dans son ascension au pic de
Ténériffe, rencontra au sommet des vents violents
du sud-ouest, tandis que dans la plaine les vents alizés de nord-est n'avaient cessé de souffler sans relâche.

De là résulte encore une nouvelle déviation, dirigée
vers l'orient cette fois, et c'est ainsi que s'explique la
permanence des vents généraux du sud-ouest, qui
soufflent pendant les deux tiers de l'année dans la région située en dehors du tropique du Cancer.

Inutile d'ajouter que les mêmes causes ne peuvent manquer de produire les mêmes effets dans les deux hémisphères.

Tels sont les résultats, assez positifs d'ailleurs, dont on s'était contenté jusqu'ici, et qui peuvent être considérés comme le véritable point de départ du système qui nous occupe. A l'origine, les études du commandant Maury se bornèrent à un simple travail de compilation, à un dépouillement minutieux des divers documents nautiques, qu'il n'obtint d'abord qu'à grand'peine des capitaines marchands de la marine de l'Union. Ce ne fut qu'après la publication de ses premières cartes qu'on devina peu à peu l'importance pratique et immédiate de ses recherches. On se montra moins sourd à son appel; on voulut coopérer à son œuvre. Plus tard enfin, des milliers de navires, sillonnant dans tous les sens la surface des mers, concoururent à la réussite de sa gigantesque entreprise. C'est ainsi qu'il put réunir les innombrables et précieux éléments si habilement coordonnés dans ses magnifiques cartes consacrées à l'étude des vents et des courants.

A l'aide d'un procédé graphique, il représente d'une manière continue, et pour chaque lieu qu'il détermine, l'ensemble de toutes les observations qui s'y rattachent. Grâce à lui, désormais, le navigateur pourra toujours connaître quelles sont les conditions les plus favorables à sa route. D'un seul coup d'œil et à chaque instant, il peut mettre à profit l'expérience acquise par tous les marins qui l'ont précédé dans les parages qu'il traverse. Ces travaux d'analyse, entrepris sur une si vaste échelle, devaient placer l'auteur dans les meilleures circonstances possibles pour observer dans leur marche les phénomènes météorologiques, et arriver ainsi à la connaissance des lois de la nature.

C'est ainsi que l'étude comparative des alizés et des vents généraux l'a conduit à considérer les premiers comme des vents secs et des vents d'absorption, chez lesquels tout concourt à augmenter les facultés qu'ils ont pour l'évaporation : ils soufflent à la surface des eaux, s'avancent vers l'équateur, traversent des régions de plus en plus échauffées par les rayons solaires. Les vents généraux, au contraire, arrivent jusqu'à nous chargés d'humidité. En s'éloignant des zones tropicales, ils ne tardent pas à rencontrer des températures sans cesse décroissantes, et à atteindre enfin le degré de refroidissement nécessaire à la condensation des vapeurs qu'ils emportent.

Cette condensation résout à l'état de pluie fine les masses d'eau énormes que les vents absorbants puisent dans l'Océan, pour les répandre ensuite avec modération sur toute la surface de la terre et des mers.

Dans les contrées où l'évaporation ne peut suffire, les cours d'eau représentent l'excès d'une précipitation beaucoup trop abondante. Ils retournent vers leur source commune, et c'est ainsi que s'établit l'équilibre entre deux phénomènes d'une nature inverse. Telle est l'origine des fleuves, des rivières, et de tous les cours d'eau qui tombent à la mer. Ainsi se vérifient les paroles du livre de la *Sagesse* : « Remarquez d'où viennent les grands fleuves; ils doivent tous retourner vers leur source (28). »

Quand on embrasse à la fois, et de ce point de vue, les deux côtés de la sphère terrestre, on est frappé du contraste que présente sous ce rapport la moitié du globe que nous habitons. Pour quelle raison, en effet, tous les grands fleuves ne se rencontrent-ils que dans notre hémisphère?

L'Afrique méridionale, l'Australie, les îles de l'Océan, n'ont pas un seul cours d'eau que l'on puisse citer. Sauf la Plata, l'Amérique du Sud peut à peine revendiquer pour elle la rivière des Amazones, dont le cours suit l'équateur de l'occident à l'orient, et dont les affluents s'alimentent également dans les deux hémisphères.

L'Europe, au contraire, l'Asie, le nord de l'Amérique et le nord de l'Afrique, présentent dans leur ensemble le vaste réseau des grands fleuves se jetant à la mer. Comme on le voit, dans toutes ces contrées la précipitation est plus abondante que l'évaporation. Les météorologistes, d'ailleurs, sont unanimes à le reconnaître; tous sont d'accord sur ce point. Le volume de pluie que reçoit chaque année l'hémisphère du nord est plus considérable que celui qui tombe, pendant le même temps, dans l'hémisphère sud. Or, en examinant des deux côtés de l'équateur les surfaces particulièrement affectées à l'évaporation, nous sommes conduits à des conclusions directement contraires. Dans le nord, par exemple, où la condensation est le plus abondante, nous trouvons qu'il existe à peu près des proportions égales entre les continents et l'étendue des mers. Dans l'hémisphère sud, au contraire, nous constatons une réduction de près de la moitié dans l'espace total occupé par les eaux et principalement dans l'étendue des zones tropicales de l'Océan, véritables sources d'alimentation, où les vents alizés viennent puiser les vapeurs qu'ils entraînent ensuite dans les régions supérieures de l'atmosphère. Ainsi donc, l'évaporation doit se trouver sensiblement réduite, précisément du côté de l'équateur où se manifeste chaque année la précipitation la plus considérable. Comment alors se maintient l'équilibre qui ne cesse de régner dans l'univers? Quel est le secret de ce double contraste, de cette étrange anomalie?

On ne peut l'expliquer que par une communication continue, par un échange constant et réciproque d'un hémisphère à l'autre, à travers les calmes de l'équateur. Telle est la conclusion logique à laquelle s'est arrêté le commandant Maury. Telle est l'hypothèse qu'il n'hésite pas à admettre, non-seulement pour la zone équatoriale, mais encore pour les calmes des deux tropiques et pour les cercles voisins des pôles de la terre.

Suivons-le, en effet, à travers ces cinq zones qui marquent des lieux de transition ou de renversement pour les principaux courants de l'atmosphère. Les vents alizés, on le sait, arrivent à l'équateur avec des vitesses et des inclinaisons sensiblement égales. De leur rencontre résultent à la surface de l'Océan les calmes de la ligne. Mais, sous l'influence de la pression latérale qu'ils exercent, et sous l'action des rayons solaires, ces masses d'air échauffé se relèvent verticalement jusque dans les couches supérieures, et à la suite de ce mouvement d'ascension, les vents du sud-est pénètrent dans les hautes régions de l'hémisphère nord, de même que ceux du nord-est pénètrent dans l'hémisphère sud. Les uns et les autres sont attirés vers les pôles par les vides qui s'y produisent, et entraînés vers l'orient en vertu de leur vitesse acquise. Comme on le voit, il s'opère un échange complet entre les deux hémisphères. Ce sont ces mêmes vents qui soufflent comme alizés d'un côté de l'équateur, qui vont bientôt reparaître de l'autre comme vents généraux.

Arrivés à la hauteur du trentième degré de latitude environ, il y a nouvelle rencontre entre les masses d'air qui se meuvent en sens contraire, et, par suite, une nouvelle zone de calme se produit. C'est effectivement l'état atmosphérique que l'on constate un peu au-dessus des deux tropiques du Capricorne et du Cancer. Dans notre hémisphère, son influence est tellement marquée qu'elle a valu à la bande sur laquelle elle s'étend un nom caractéristique qu'elle conserve encore de nos jours. A l'origine, les navires chargés de troupes ou d'émigrants qui se rendaient aux Indes occidentales, redoutaient le passage de ces régions funestes. Plus d'une fois ils avaient été retenus, pen-

dant des mois entiers, immobiles et exposés au milieu
de l'Océan à toutes les horreurs de la famine et de la
soif. C'est à cet endroit de la route qu'il avait fallu
songer à se débarrasser des bouches inutiles en commençant à jeter les chevaux à la mer. De là le nom de
Horse latitudes que l'on retrouve encore aujourd'hui
dans les livres anglais.

Mais ici, dans les nouvelles zones que nous considérons, le mouvement de transition qui s'opère ne
peut être ascensionnel ; l'air se précipite des régions
élevées, retombe à la surface, et de deux courants
distincts et contraires qui se forment ainsi, l'un s'é-
chappe *is ejected)* au sud-ouest comme vents alizés, et
l'autre au nord-est comme vents généraux. Les deux
courants correspondants, qui s'établissent de la même
manière au delà du tropique du sud, s'échappent
également à la surface, dans la direction des vents
alizés et des vents généraux de l'hémisphère austral.

Enfin, si nous continuons à suivre dans leur course,
et toujours dans les régions inférieures de l'atmosphère, ces masses d'air sans cesse attirées vers les
pôles et vers l'orient, nous les verrons embrasser des
parallèles d'un diamètre de plus en plus étroit. A la
limite, c'est-à-dire dans un espace plus ou moins rap-
proché des pôles, l'équilibre doit résulter de la pression uniformément répartie sur tous les points d'un
même cercle. Dans ces deux nouvelles zones de calme,
comme dans celle de l'équateur, le mouvement de l'air
est ascendant ; il est en outre giratoire et détermine

dans les hautes régions un véritable renversement de courant. Ce mouvement de rotation n'est d'ailleurs que la conséquence rigoureuse de l'obliquité permanente conservée dans leur course par des vents généraux. Leur direction donne le sens du tourbillon qui se manifeste à chacun des deux pôles. Au nord, le mouvement se communique de la droite à la gauche, contrairement à la marche que suivent les aiguilles d'une montre. Au sud, la masse d'air, roulée en spirale, s'élève dans la direction tout à fait opposée. Tel est le développement complet du système dont le principe, comme nous l'avons dit, repose sur le double circuit qu'accomplit autour de la terre une molécule d'air sans cesse entraînée de l'un à l'autre pôle, et passant alternativement des régions élevées aux régions inférieures de notre enveloppe atmosphérique.

Ainsi c'est l'étude comparative des surfaces d'évaporation et du volume d'eau condensée dans les deux hémisphères, qui a fait faire à l'auteur le premier pas dans la voie où il est entré.

A l'origine, si son hypothèse ne présente pas tous les caractères d'une vérité lumineuse, elle a du moins l'avantage de ne heurter aucune loi connue de la nature. Rien, en effet, ne peut nous défendre de croire à l'existence de deux courants distincts et réciproques, entretenant franchement une communication directe et continue entre toutes les parties de l'atmosphère.

En présence de l'admirable système de compensation qui règne dans l'univers, ne serait-il pas plus difficile, au contraire, d'admettre une séparation radicale entre les différentes zones de la couche d'air qui nous entoure? Comment supposer que les calmes de l'équateur et des tropiques s'élèvent, comme autant de barrières infranchissables, devant les vents alizés et les vents généraux du même hémisphère? Ne serait-ce pas renfermer dans des limites trop resserrées, ne serait-ce pas localiser, immobiliser, pour ainsi dire, non-seulement la plupart des phénomènes météorologiques, mais encore la constitution physique elle-même de la portion d'atmosphère que nous respirons? L'inégale répartition des continents et des mers, la disproportion qui existe dans les deux hémisphères entre les contrées habitées, les déserts arides et les lieux recouverts de marécages ou d'épaisses forêts, tout concourrait, dans ce cas, à altérer la composition élémentaire et primordiale de notre enveloppe atmosphérique. Il n'en est rien, comme on le sait. Que l'on recueille de l'air à la surface des mers, au sommet des montagnes, au centre de l'Europe ou dans les solitudes du Pacifique sud, partout l'analyse la plus exacte ne conduit qu'à des résultats d'une absolue identité.

Il ne suffit pas toutefois de faire reposer l'hypothèse que nous présentons sur des considérations générales d'une parfaite justesse, il faut encore embrasser toutes les conséquences qui en découlent, les étudier une à une, et pouvoir les soumettre en définitive à l'épreuve d'un examen fondé sur l'état actuel de nos connaissances acquises.

Abandonnant comme inadmissible la théorie des infiltrations proposée par Descartes, et ne cherchant désormais que dans les nuages les sources des grands fleuves, nous avons dit comment la différence observée dans les deux hémisphères entre l'évaporation et la condensation, avait servi de point de départ et de base au système général de la circulation aérienne. Examinons maintenant jusqu'à quel point l'observation des faits peut concourir à justifier ce principe. En jetant les yeux sur l'hémisphère nord, on ne tarde pas à reconnaître que toutes les conditions les plus favorables à l'évaporation se trouvent réunies dans la vaste zone intertropicale comprise entre l'Amérique et l'Asie, et constamment soumise à l'action continue du soleil et des vents alizés. Or, quelles sont les contrées de la terre qui peuvent être ainsi destinées à recevoir l'excès d'une surabondante précipitation ? Sur quel continent et dans quelle région les vents du nord-est transporteront-ils ces masses d'eau énormes, continuellement enlevées à la surface du Pacifique nord ? Suivons dans leur course ces vents chargés d'humidité, et appliquons-leur les lois générales de la circulation atmosphérique. Nous les voyons franchir, dans les hautes régions, les calmes de la ligne, se diriger ensuite vers le pôle antarctique, se redresser à l'est, et reparaître enfin comme vents généraux soufflant du nord-ouest au delà du tropique du Capricorne.

Là, une côte abrupte et montagneuse s'élève devant eux, coupant à angle droit la direction qu'ils suivent.

C'est la bande étroite qui s'étend du Chili au cap Horn,
au pied même de la Cordillère des Andes. Un pareil
rideau, couronné de neiges éternelles, doit singulièrement favoriser la condensation des vapeurs, en dé-
pouillant de leur humidité les vents qui le traversent.
Or, si ces vents sont bien réellement les alizés du Pacifique nord, si nous ne nous sommes pas égarés avec
eux en les suivant dans l'espace, d'un hémisphère à
l'autre, nous devons les retrouver en ce point, cédant
d'énormes masses d'eau sous l'influence d'une température sans cesse décroissante. Consultons, en effet,
les observations météorologiques de ces contrées ; les
cartes de Berghaus et de Johnston vont nous répondre.
D'après le témoignage du capitaine King, il est tombé
sur la côte du Chili, dans la saison d'hiver, plus de
douze pieds d'eau en quarante et un jours. A la suite de
ces torrents de pluie, Darwin affirme avoir trouvé l'eau
douce tout le long du rivage. Inutile d'ajouter que ces
mêmes vents, après avoir ainsi abandonné jusqu'aux
derniers atomes de leur humidité, continuent à souffler, mais entièrement secs, sur le versant oriental de
la chaîne des Andes, à travers les pampas de Buenos-
Ayres et les plaines arides de la Patagonie.

Quelque remarquable que soit le résultat d'une pareille coïncidence, à l'exemple du commandant Maury,
nous ne nous hâterons pas de le considérer comme une
preuve suffisante en faveur du système que nous examinons. Il nous reste encore à trouver une nouvelle
application de ses lois, une nouvelle justification de

son principe ; en un mot, il nous reste à envisager la question sous une autre face, et à résoudre pour un autre point du globe le même problème présenté dans un ordre inverse. Ainsi recherchons, par exemple, de quelle partie du monde soufflent les vents surchargés de vapeurs qui doivent alimenter les sources du Mississipi et de ses affluents. Le volume d'eau que le fleuve apporte chaque année à la mer représente l'excès de la condensation qui s'opère dans toute l'étendue de son vaste parcours.

Or, ce n'est pas au sud, dans la mer des Antilles ou dans le golfe de Mexico, qu'il faut placer la source d'une aussi puissante évaporation. Les vents alizés de nord-est y règnent constamment, il est vrai ; mais en suivant leur direction normale, ils suffisent à peine à entretenir les cours d'eau de l'Amérique équatoriale. Ce ne sont pas non plus les grands lacs, situés dans le nord du Mississipi, qui peuvent alimenter de leurs vapeurs la vallée qu'il parcourt. La différence constante des températures s'y oppose, et nous savons, en outre, que ces contrées reçoivent de l'atmosphère beaucoup plus d'eau qu'elles n'en restituent : le cours du Saint-Laurent en est la preuve.

Faut-il maintenant diriger nos recherches vers les deux océans de l'hémisphère nord ? Mais, d'un côté, ce sont les vents chargés d'humidité, les vents généraux du sud-ouest, qui soufflent vers l'Europe et non vers l'Amérique ; de l'autre, dans la zone tropicale du Pacifique nord, nous retrouvons les vents alizés du nord-est soufflant vers l'équateur, à partir des latitudes de la Californie. Ainsi, dans le vaste bassin qui s'étend à l'est des montagnes Rocheuses, l'excès de précipitation ne peut être produit que par l'action continue d'une abondante évaporation, opérée à la surface d'une mer plus lointaine. Toutes les observations météorologiques recueillies dans la vallée du Mississipi s'accordent pour nous éclairer sur ce point. Tous les planteurs, consultés par Maury, signalent les vents de sud-ouest comme les seuls régnant dans le pays pendant toute la durée de la saison des pluies. Or, ces vents, qui soufflent directement à travers l'Orégon et la haute Californie, sans pouvoir être saturés des vapeurs enlevées à l'hémisphère nord, ne sont-ils pas les mêmes qui ont déjà franchi l'équateur dans les hautes régions, après avoir parcouru comme vents alizés la zone tropicale du Pacifique sud? Dès lors, tout se simplifie, tout s'explique. Nous nous retrouvons encore en présence des lois générales de la circulation, qui se révèlent à nous dans leur merveilleuse harmonie. Elles nous guident, nous éclairent sur la véritable origine des sources des grands fleuves ; elles nous découvrent enfin la transformation régulière que subissent les vents alizés de sud-est en reparaissant dans le nord comme vents généraux, et venant inonder des vapeurs emportées de l'hémisphère austral les profondes vallées du Missouri et du Mississipi.

Tel était le degré de probabilité, nous pourrions presque dire de certitude morale, auquel le commandant Maury était déjà parvenu, lorsque, du fond de l'Allemagne et comme confirmation de son principe, il reçut le plus éclatant témoignage qu'il lui fût permis d'espérer. Ce témoignage, positif comme une démonstration mathématique, nous fournit des preuves convaincantes, palpables, matérielles. Ce sont celles que les vents eux-mêmes nous apportent, d'un hémisphère à l'autre, sous la forme d'une nuée rougeâtre, apparaissant à des époques fixes dans les environs des îles du Cap-Vert. Le microscope d'Ehremberg en a pénétré le mystère. Il a constaté la nature organique et la lointaine origine des atomes colorés, ainsi suspendus dans les airs. Ce sont des infusoires à carapaces siliceuses, dont les spécimens identiques ne se rencontrent guère qu'à la surface de quelques contrées brûlées de l'Amérique méridionale. Telle est l'opinion du savant professeur de Berlin. Son aveu complète les observations que Humboldt avait faites, longtemps auparavant, en parcourant les plaines de l'Orénoque pendant la saison des chaleurs : « Lorsque, sous les rayons verticaux d'un soleil sans nuages, la terre calcinée se réduit en poussière, le sol lui-même craque et se fend comme dans l'ébranlement d'une commotion souterraine. En ce moment, si deux courants de directions contraires soufflent à la surface, la plaine offre subitement un étrange spectacle. Sous la forme d'un nuage conique dont la pointe est tournée vers le sol, et semblables à ces pesantes trombes que le marin ne voit qu'avec effroi, les flots de sable soulevés montent en spirale dans l'air raréfié. Le ciel s'assombrit, l'horizon se rapproche, et le soleil ne répand plus qu'une lumière jaune et blafarde sur cette plaine désolée (29). »

En traçant un pareil tableau, l'illustre voyageur ne se doutait pas que ces tourbillons de poussière seraient un jour évoqués, au delà de l'Océan, comme des signes infaillibles et des témoins révélateurs du chemin parcouru par les vents dans les hautes régions de l'atmosphère.

On demandera peut-être en vertu de quelle loi ces nuages de sable accomplissent ainsi un voyage aussi long, sans cesser de demeurer suspendus dans les airs. L'état de nos connaissances ne nous permet pas de répondre, pas plus qu'il ne nous permet de dire comment les vapeurs franchissent l'Océan sur les ailes des vents, ni pourquoi la foudre, qui grondera demain sur nos têtes, ne s'annonce pas aujourd'hui par des signes précurseurs infaillibles. Là s'arrête à cette heure la science des hommes.

Quelque satisfaisante et quelque rationnelle que soit la théorie de la circulation aérienne, telle que nous la trouvons développée dans l'ouvrage des *Sailing Directions*, le commandant Maury, toutefois, est le premier à faire ses réserves et à reconnaître la large part qu'il faut encore laisser aux choses inconnues. Ainsi la chaleur et le mouvement diurne de la terre nous ont fourni jusqu'à présent deux éléments dynamiques, dont l'action combinée est parfaitement suffisante pour expliquer l'existence d'un courant établi dans l'atmosphère, entre l'équateur et chacun des deux pôles. Mais cette action ne suffit pas pour expliquer l'échange régulier, constant et réciproque dont la raison et l'observation nous ont démontré l'impérieuse nécessité. Des signes certains et irrécusables nous ont permis de reconnaître la route suivie par les vents, des deux côtés de la ligne équatoriale et par delà les calmes des tropiques, jusqu'aux dernières limites des tourbillons polaires. Mais au passage de ces cinq zones exceptionnelles, comment expliquer une rencontre sans fusion, un croisement sans mélange, entre deux masses d'air qui se meuvent dans des directions opposées! Comment expliquer, en un mot, le rôle et les fonctions de ces bandes de calmes, qui ne nous apparaissent que comme des points morts et comme de véritables nœuds de vibration, dans le système général de la circulation atmosphérique? Là, une fois encore, on ressent l'influence d'un agent inconnu, d'une force secrète. Maury, en maints passages, s'incline devant elle; il en proclame hautement l'existence et la mystérieuse intervention.

Quand il étudie, par exemple, la zone des calmes du Cancer, il remarque, avec une parfaite justesse, qu'il ne peut y avoir mélange entre l'atmosphère qui arrive du nord et celle qui vient de l'équateur. Ce serait admettre une fusion complète entre l'air sec du pôle et l'air humide qui arrive du sud. S'il ne dépendait que du hasard que les deux courants supérieurs, en se précipitant à la surface, pussent s'échapper indifféremment d'un côté ou de l'autre de la ceinture tropicale, qu'en résulterait-il en effet? Une perturbation générale dans les conditions météorologiques des saisons. Des périodes d'une sécheresse absolue succéderaient à d'autres périodes de pluies torrentielles. Or, rien de semblable ne se produit dans la nature. Partout, au contraire, nous assistons au merveilleux spectacle des harmonies de l'univers; partout nous rencontrons les preuves d'un admirable système de compensation. Qui donc opère alors ce bienfaisant partage entre les deux atmosphères réunies dans une même zone? Qui dirige où il le faut les différents courants? Qui en règle le cours? Qui distribue l'air chargé de vapeurs vers le septentrion, l'air sec vers les eaux chaudes des régions tropicales? C'est ici que l'esprit profondément religieux de Maury prend un nouvel essor, et s'élève jusqu'au lyrisme d'un saint enthousiasme.

A l'exemple de Kepler, de Newton et de tous les grands génies animés d'une foi sincère, il prend dans les textes sacrés le point de départ qu'il ne perd plus de vue durant tout le cours de ses investigations dans le domaine de la philosophie et de la science. La Bible est à ses yeux le livre de toute vérité; la Genèse est la source de toute vraie lumière (30). En présence d'un agent inconnu, infini, tout-puissant, il n'hésite pas un instant dans sa route. Pour lui, cet agent mystérieux, c'est le principe qui donne le mouvement à toute la nature. C'est le grand *Avor* de la philosophie

biblique, c'est la *lumière-calorique* du récit de Moïse (31.
C'est, en un mot, l'élément générateur, universel,
c'est le souffle de Dieu, l'esprit vivifiant qui s'étend
sur l'abîme : « *Spiritus Dei ferebatur super aquas et
facta est lux.* »

Chaque jour, en effet, la science moderne constate
l'intime corrélation qui existe entre les phénomènes
lumineux et ceux produits par la chaleur et l'électricité. Les découvertes les plus récentes tendent à leur
donner une commune origine. Le même principe les
embrasse et les explique tous. C'est le principe universel qui résulte de l'action développée par les forces
électro-magnétiques. Maury ne pouvait manquer d'a-
voir égard à l'influence toute-puissante de cet agent
mystérieux. Aussi est-il dans le vrai, croyons-nous,
quand il cherche à lui subordonner les lois fondamentales de son système, et à déduire la circulation aérienne de « ce principe inconnu qui, d'après Becquerel, est au monde physique ce que l'âme est au monde
moral » (32).

L'idée d'expliquer ainsi la direction des vents par
l'électricité est aussi neuve que féconde. C'est une tendance vers l'unité ; et, au point de vue scientifique
comme au point de vue religieux, cette tendance est
un des signes les plus caractéristiques de notre époque.
Dans l'un et l'autre cas, elle est tout à fait digne de
l'esprit généralisateur dont elle émane.

L'ensemble des phénomènes électro-dynamiques mis
en regard de la théorie générale des vents, telle que

nous l'avons exposée, présente en effet les plus curieuses analogies et les plus singulières coïncidences.
Faraday, le premier, démontra, il n'y a pas longtemps, les propriétés magnétiques de l'oxygène lorsque la température s'abaisse. Ce gaz, comme on le
sait, entre pour un cinquième dans la composition de
l'air qui nous entoure. Quelques années plus tard,
M. Quételet, directeur de l'observatoire de Bruxelles,
constata pour les régions supérieures de l'atmosphère
une véritable accumulation d'électricité positive, dont
la puissance se développe également en raison inverse
du degré de la température. Ces découvertes ouvrirent
à Maury des horizons nouveaux (33).

On comprend, en effet, comment, dans un milieu
dont la capacité magnétique varie sans cesse sous
l'influence des circonstances du froid et de la chaleur,
on comprend, disons-nous, comment l'air, après avoir
complété son circuit en tourbillon dans les environs
des régions antarctiques, peut se trouver repoussé vers
le pôle opposé, en vertu même des lois de l'électricité.
Dès lors, cette force électro-dynamique ne devient-
elle pas elle-même l'agent mystérieux qui dirige les
vents d'un hémisphère à l'autre (34)?

Grâce aux deux nouvelles propriétés que nous venons d'indiquer, la théorie d'Ampère peut être appliquée à la circulation de l'atmosphère en tout ce qui
concerne les lois des courants magnétiques. Les conséquences sont conformes aux résultats fournis par les
observations des *Sailing Directions*.

Quand on réfléchit à une pareille concordance de faits, quand on considère les courants magnétiques de la terre, dirigés comme elle de l'occident à l'orient, et refoulant vers les régions polaires l'électricité qui les couronne d'une auréole lumineuse, enfin, quand on examine les positions presque identiques assignées par les observateurs aux pôles magnétiques, aux pôles des vents et aux pôles des froids maximum (35), on ne peut s'empêcher d'admirer sans cesse davantage cette grande et belle pensée qui tend à relier, par une origine commune, les causes premières de tous les phénomènes météorologiques (36). Sans doute, l'auteur n'a point encore donné une démonstration rigoureuse. Sa théorie du mouvement des vents n'a pas subi l'épreuve du calcul. Mais, en attendant cette dernière confirmation, en attendant qu'un homme d'un génie spécial, qu'un nouvel Ampère, par exemple, parvienne à appliquer à son système la méthode féconde de l'analyse mathématique, on ne demeure pas moins convaincu de la réalité de son principe. Les preuves physiques sont trop multipliées, les rapprochements trop frappants, pour qu'on puisse mettre en doute l'intervention toute-puissante de l'influence électro-magnétique. C'est bien elle, en effet, c'est cette action universelle qui dans chaque hémisphère fait tourbillonner l'ouragan, suivant la direction de la spirale polaire dont il est le plus proche; c'est elle encore qui répand d'un côté l'air entièrement sec et qui verse de l'autre les courants chargés d'humidité; c'est elle enfin qui dirige les vents autour de notre globe dans les voies mystérieuses qui leur sont assignées.

La loi que nous venons d'indiquer, relativement au mouvement giratoire des ouragans, a été constatée par un très-grand nombre d'observations faites dans l'hémisphère nord. Le colonel Reid, en Angleterre, Redfield, dans les Indes occidentales, Piddington, en Chine et dans le golfe du Bengale, ont tous été d'accord pour reconnaître la direction, de droite à gauche, que suit le tourbillon dans toutes les contrées situées au nord de l'équateur (37).

Les observations sont moins nombreuses pour l'hémisphère austral, mais elles ne sont pas moins concluantes. Le mouvement de rotation s'y opère dans le sens opposé; il s'accomplit de la gauche à la droite, et les vents, en passant par le sud, tournent de l'orient à l'occident (38).

C'est ce que nous avons eu l'occasion de constater nous-même, par le travers de l'île de la Réunion, dans un terrible ouragan au centre duquel la frégate *la Belle-Poule* se trouvait engagée, le 16 décembre de l'année 1846. La brise soufflait du sud-est; la mer était houleuse. Vers le soir, le baromètre descendit brusquement au-dessous des dernières limites marquées sur son échelle. Les vents, en fraîchissant, inclinèrent au sud; ils forcèrent progressivement et finirent par se déchaîner avec une irrésistible violence. A minuit, malgré les plus énergiques efforts, la frégate désemparée, sans gouvernail, sans voiles, se couchait sur bâbord, avec sa mâture en lambeaux et son pont balayé par une mer furieuse. Ce ne fut que deux heures après que nous atteignîmes le centre du cyclone. Un calme subit succéda à la première crise de cette convulsion atmosphérique, mais il ne fut que de courte durée. Les vents qui nous avaient abandonnés au sud reparurent à l'ouest et au nord avec la rapidité de la foudre. Nous entrions dans le deuxième segment du *cercle d'ouragan*. Pris par la gauche cette fois, notre bâtiment s'inclina de nouveau, ne pouvant résister à l'énorme pression qui le tenait couché sur le côté. Comme on le voit, les vents autour de nous avaient suivi dans leur marche la loi que nous avons citée. Ils avaient tourbillonné de la gauche à la droite, comme la spirale de la zone des calmes des régions antarctiques.

Le souvenir de cette nuit terrible nous remet en mémoire quelques détails sur un phénomène (météorologique ou physiologique, n'importe!) que l'on nous pardonnera peut-être de rappeler ici. L'ouragan nous avait séparés de la corvette française *le Berceau*, qui ne devait se trouver qu'à petite distance de la route que nous avions suivie. Une mâture de fortune nous permit, au bout de quelques jours, d'atteindre le lieu de rendez-vous, fixé à l'île Sainte-Marie de Madagascar. Vainement nous interrogeâmes l'horizon, sondâmes les criques et explorâmes toutes les sinuosités du rivage. Nos recherches furent sans résultat; rien ne put nous mettre sur les traces de nos malheureux

compagnons. Un mois s'était ainsi écoulé dans la plus
cruelle anxiété, quand tout à coup, du haut de la
mâture, la vigie signala, dans l'ouest, un navire désemparé dérivant vers la terre. Ce n'était point un rêve.
Le soleil était resplendissant, le ciel limpide et pur;
l'air échauffé vibrait à l'horizon. Toutes les longues-
vues, braquées dans cette direction, ne firent que confirmer la réalité de cette première nouvelle. Mais l'émotion bientôt devait devenir plus poignante; ce n'était
plus un navire en dérive qui nous apparaissait, c'était
un radeau chargé d'hommes et remorqué par des embarcations sur lesquelles flottaient des signaux de détresse. Les images d'ailleurs étaient nettes et arrêtées;
les lignes se dessinaient parfaitement distinctes. A bord
de la frégate, officiers, commandant, matelots, tous,
pendant plusieurs heures, sous le coup d'une halluci-
nation fiévreuse, purent suivre de leurs propres yeux
les détails de cette indescriptible scène de mer. L'amiral Desfossés, commandant alors la station de l'Inde,
fit appareiller à la hâte le premier steamer qui se trouvait sur rade, pour voler au secours de ces débris vivants que l'Océan semblait nous renvoyer du fond de
ses abîmes.

Le jour commençait à baisser; la nuit, comme sous
les tropiques, tombait déjà sans crépuscule, quand
l'Archimède arriva au but de sa mission. Il stoppa au
milieu des épaves flottantes, et mit ses canots à la mer.
Tout autour il continuait à voir des masses d'hommes
s'agiter, tendre les mains au ciel; on entendait déjà le

bruit sourd et confus d'un grand nombre de voix mêlées aux battements des avirons dans l'eau. Encore
quelques secondes, et nous allions serrer dans nos
bras des frères arrachés à une mort certaine :

Illusions des nuits, vous jouiez-vous de nous?

Nos canots s'enfoncèrent dans les épaisses branches
de grands arbres arrachés à la côte voisine et entraînés avec tout leur feuillage dans les contre-courants
qui remontent au nord.

Ainsi s'évanouit cette étrange vision. Ainsi se dis-
sipa la dernière espérance qu'un mirage trompeur
avait pour ainsi dire évoquée du fond de l'Océan.
Ainsi sombra de nouveau, sous nos yeux, l'infortuné
Berceau et les trois cents victimes englouties dans ses
flancs.

CHAPITRE HUITIÈME.

ATMOSPHÈRE.

Les alizés ne parcourent pas des espaces égaux dans les deux hémisphères. — Calmes de la ligne. — Le Cloud-Ring, importance du rôle qu'il joue dans les phénomènes atmosphériques. — Calmes des deux tropiques. — Oscillation annuelle de ces trois ceintures de calmes. — Examen géographique du globe. — Nouvelles preuves en faveur de notre théorie. — Climat de l'Orégon, de la Californie, du Chili. — Beau temps éternel des côtes du Pérou. — Projection des alizés du sud, sur une carte de Mercator. — Tous les déserts, toutes les mers intérieures se trouvent entre des lignes parallèles déterminées par ces projections. — Fleuves alimentés par l'évaporation de la mer Rouge et du golfe Persique. — Action des vents sur la Méditerranée, la Caspienne et l'Aral. — Quelques problèmes de géologie expliqués par la circulation des vents. — Influence que le soulèvement des Andes a pu exercer sur l'état hygrométrique de notre continent. — Abaissement de la mer Morte. — Niveau des grands lacs d'Amérique. — Les vents devenus les plus anciens et les plus fidèles chroniqueurs des révolutions opérées à la surface de notre globe.

C'est à l'aide de l'observation et du raisonnement que Maury est parvenu à découvrir et à déterminer les lois de la circulation aérienne. Les conséquences qu'il en tire sont précises; il en vérifie la justesse en comparant entre elles les conditions climatériques des différentes contrées de la terre. Mais, avant de suivre le cours de ses recherches comparatives, nous nous arrêterons à quelques considérations particulières sur l'ensemble du système atmosphérique intertropical qu'il déroule à nos yeux.

Les vents alizés commencent à souffler, dans les deux hémisphères, vers le trentième degré de latitude environ. Leur direction et leur intensité sont à peu près constantes; mais leurs limites vers l'équateur ne sont plus symétriques. Les alizés du nord-est ne dépassent pas le neuvième degré de latitude nord. Ceux du sud, au contraire, franchissent la ligne, pénètrent dans notre hémisphère, et remontent à peu près jusqu'au quatrième parallèle. Ce ne sont, il est vrai, que des résultats moyens que nous pouvons indiquer ici. L'ensemble de ces vents et la zone de calmes qu'ils renferment sont soumis à l'action du soleil et subissent l'influence de sa déclinaison autour de l'écliptique. De là résulte pour tout le système une véritable oscillation annuelle autour des limites moyennes que nous avons données. Ces oscillations, toutefois, ne sont pas régulières; ainsi, le mouvement de translation qui s'accomplit vers le nord pendant notre saison d'été, rencontre à la fin de sa course un véritable temps d'arrêt qui le retient stationnaire pendant deux ou trois mois. Ce n'est qu'en décembre que le mouvement de retour se prononce; il s'opère rapidement vers le sud, et arrivé de ce côté à sa limite extrême, il subit pendant trois mois le même temps d'arrêt que dans notre hémisphère.

Pour expliquer les causes de ces hésitations et de
ces retards, il suffit de jeter les yeux sur une des
Thermal Charts construites par M. Maury. On y
reconnaît immédiatement l'influence dominante de la
température moyenne des eaux, et la parfaite coïncidence qui existe entre les lignes isothermes et les
limites dans lesquelles se trouvent renfermées les zones
de calmes et des vents alizés.

Ces vents, comme on le voit, ne parcourent pas des
espaces égaux dans les deux hémisphères. La partie
de l'Océan qu'embrassent les alizés du nord ne
représente que les deux tiers de la surface correspondante soumise à l'action des alizés du sud. La vitesse,
des deux côtés, étant à peu près uniforme, il en
résulte pour l'hémisphère austral une incontestable
prépondérance. Sans vouloir rechercher l'explication
complète de cette différence, on peut cependant en
attribuer la principale cause à l'inégale répartition de
la terre et des mers, de chaque côté de la ligne équatoriale. La terre, en effet, n'agit pas seulement par le
relief de ses montagnes ou par les obstacles matériels
qu'elle peut opposer à la marche des vents. Son action
principale se manifeste surtout avec énergie par le
rayonnement des surfaces inégalement échauffées, et
par la perturbation qui ne peut manquer de se produire
ainsi dans les diverses couches de l'atmosphère.

Aussi devient-il aisé de comprendre l'influence
qu'exercent les grands déserts du globe, tous réunis,
par une étrange coïncidence, dans l'hémisphère sep-

tentrional. Sur le parcours du nord-est, par exemple, les sables brûlants du Sahara renvoient sans cesse vers les régions supérieures les colonnes d'air échauffé à la surface. De cette cause permanente de raréfaction et de vide, il doit résulter pour les vents alizés du nord un obstacle difficile à franchir, et au contraire un véritable foyer d'attraction pour les vents alizés de l'hémisphère sud. L'influence directe du désert sur les courants de l'atmosphère, ne pouvait manquer de fixer l'attention des météorologistes. Il y a plus de vingt ans que Dove le considérait comme la base fondamentale de sa théorie sur l'établissement et le renversement périodiques des moussons de l'Océan indien. A l'aide de ses cartes, Maury a pu en vérifier, de nos jours, la rigoureuse exactitude.

Quand on réfléchit aux immenses travaux de compilation auxquels l'auteur a dû se livrer, on est surpris de le voir, au milieu de ses longues études minutieuses et spéciales, donner un libre essor à son imagination vive et brillante, et s'abandonner aux élans d'une âme jeune et enthousiaste. L'étude du détail ne l'empêche pas un seul instant d'apercevoir le but. Chez lui le chiffre n'a pas tué l'esprit; la formule n'a pas enchaîné la pensée. Jamais poëte ne nous a présenté les merveilles de la nature sous de plus vives et de plus fidèles couleurs. Il n'était donné qu'à un marin de nous dépeindre, comme il l'a fait dans son ouvrage des *Sailing Directions*, les régions tropicales de l'Océan, ces vastes et splendides solitudes sans cesse parcourues par une brise fraîche et vivifiante que les Anglais ont appelée *vents de commerce* (trade winds), et à laquelle nous avons conservé le doux nom de vents alizés. Il y règne un beau temps éternel; le ciel est pur, l'horizon net et limpide. La mer est toujours belle, et le bleu foncé de ses flots fait ressortir la blancheur éclatante de la crête des lames. Tout sourit, tout vient en aide au navigateur; rien ne peut l'inquiéter dans sa route. Vers le soir seulement, quelques vapeurs légères s'élèvent à l'ouest, et ne semblent flotter dans un ciel sans nuages que pour conserver pendant quelques instants de plus les splendides reflets du soleil noyé sous l'horizon. Quel est le marin qui ne se rappelle avec émotion les longues heures ainsi écoulées dans la contemplation des merveilles de la mer et des cieux?

Quand on traverse ces régions fortunées de l'Océan, en avançant vers l'équateur, on arrive sans transition dans une zone de nuages et de pluies presque continuelles. La brise vivifiante des journées précédentes manque subitement : l'air devient lourd, l'atmosphère étouffante. L'homme y subit une sensation de malaise qu'il ne peut définir. On entre ainsi dans la zone des calmes équatoriaux, qui s'étend tout autour de la terre comme une infranchissable ligne de démarcation entre les alizés du nord et ceux de l'hémisphère sud. C'est là que ces vents viennent accumuler toutes les vapeurs absorbées à la surface des régions tropicales. La plus légère cause, les moindres changements dans la température suffisent pour y déterminer des précipitations abondantes. De là, cette sombre et éternelle ceinture de nuages que Maury compare à l'anneau de Saturne, et qu'il désigne dans ses ouvrages sous le nom de *Cloud-Ring*. Sa largeur ne dépasse pas cinq degrés, et son mouvement annuel, suivant le sens de la déclinaison, lui fait parcourir l'espace compris entre le cinquième degré de latitude sud et le quinzième de l'hémisphère nord.

Nous avons vu quelle était l'influence exercée par les calmes équatoriaux sur l'ensemble des lois de la circulation. Il est curieux d'examiner le rôle également important que remplissent les nuées du *Cloud-Ring*, dans les harmonies générales de la nature. Sur les parallèles voisins de l'équateur, les lieux que cette bienfaisante ceinture a déjà dépassés ou n'a point encore atteints, sont soumis à l'action dévorante d'un soleil vertical. L'air échauffé, sans cesse en vibration, se répand en colonne ascendante vers les couches supérieures; mais il ne suffit point pour emporter dans ces hautes régions toute la chaleur absorbée par la terre et les eaux. A leur surface, en effet, l'équilibre semble détruit; les plantes languissent, les animaux ne peuvent résister. C'est le moment où les nuées du *Cloud-Ring* viennent se dérouler, comme un épais rideau, sous les rayons d'un soleil dévorant. A l'ombre de cet écran protecteur, les rôles sont changés. La chaleur, qui s'était accumulée à la surface, se dégage et rayonne; elle se répand dans les nuages, en pénètre les premières couches et se mêle aux vapeurs dont elle modère et ralentit la condensation. C'est ainsi qu'elle réussit à prévenir les effets d'une précipitation excessive, et qu'elle maintient en suspension dans l'air les masses d'eau que les alizés, transformés en vents généraux, sont chargés de transporter au loin et de répandre en pluies fécondantes sur tous les autres points de notre globe.

Pendant que la chaleur rayonnante de la terre réagit comme modérateur dans la partie inférieure du *Cloud-Ring*, les couches les plus élevées se trouvent directement exposées à l'action incessante des rayons solaires. Elles y sont maintenues dans un état perpétuel d'agitation et de bouillonnement; mais lorsque cette action, devenue trop puissante, communique aux couches élevées plus de chaleur qu'elles ne peuvent en rendre à l'air environnant, les masses nuageuses en absorbent alors l'excédant, en vertu de l'élasticité des gaz. Elles se divisent, se dispersent, et emportent avec elles, à l'état latent, cet excès de chaleur qui n'est destiné à reparaître plus tard et à se dégager librement que pour concourir, en d'autres lieux, à la grande unité des desseins de la Providence.

Tel est le double effet de compensation que produisent les calmes de la ligne et la bande nuageuse qui les enveloppe. Quand on pénètre sous cette épaisse voûte, que ne traversent qu'accidentellement les rayons du soleil, le baromètre accuse par une forte dépression le mouvement ascendant de l'air vers les couches supérieures. La même colonne de mercure s'élève, au contraire, dès qu'on a franchi les tropiques, et indique la pression exercée par les courants qui retombent des régions élevées vers la surface. Les observations barométriques viennent ainsi confirmer les principes élémentaires auxquels nous nous étions arrêtés en commençant.

Les calmes, qui séparent les vents alizés des vents généraux, forment près des tropiques deux zones symétriques, larges de dix ou douze degrés environ. Elles oscillent, dans chaque hémisphère, autour du trentième parallèle, et participent au mouvement annuel de translation imprimé à tout notre système atmosphérique intertropical. Bien que la précipitation n'y soit pas comparable à celle de l'équateur, elle est assez abondante, toutefois, pour marquer les saisons pluvieuses dans les contrées que ces zones traversent.

Les oscillations annuelles de ces trois ceintures de calmes, et le déplacement correspondant des zones parcourues par les vents alizés, sont autant d'éléments connus qui nous permettent d'entrer hardiment dans une vérification générale des lois de la circulation atmosphérique. L'examen géographique du globe peut servir de contrôle. Mis en regard de notre théorie, il ne laisse aucun doute sur la valeur de ses principes; il fait à chaque pas ressortir les coïncidences les plus frappantes et les rapprochements les plus inattendus.

En Orégon, par exemple, où l'on nous signale une saison de pluies excessivement abondantes, nous nous trouvons entièrement placé en dehors des calmes du

Cancer; pendant toute l'année, la côte est exposée aux vents du sud-ouest, vents humides et chauds qui ont parcouru comme vents alizés les belles zones du Pacifique sud. Quand ils arrivent à la surface des terres refroidies par l'hiver, la précipitation ne peut manquer d'être considérable. D'octobre en février, en effet, la pluie tombe sans interruption sur les pentes occidentales des montagnes Rocheuses. Les vents s'y dépouillent de toutes leurs vapeurs, et poursuivent leur course, dans un état complet de sécheresse, à travers les immenses plaines intérieures de l'Amérique septentrionale. Et cependant ce sont les mêmes vents, on doit s'en souvenir, qui sont chargés d'alimenter les vastes nappes d'eau qu'on y rencontre. Ce changement périodique dans les fonctions qu'ils remplissent n'a rien de surprenant.

Suivant l'époque de l'année, la précipitation est également abondante sur chacun des versants des montagnes Rocheuses. Pendant l'été, les vents chargés d'humidité franchissent impunément le sol échauffé de l'Orégon, n'y déposent que des ondées légères, et emportent intacts vers l'orient les trésors de vapeurs puisées sous les tropiques, et destinées à l'alimentation des sources des grands lacs et des vallées du Missouri et du Mississipi.

La Californie, placée pendant l'hiver dans des conditions analogues, entre également dans la saison des pluies à cette époque de l'année. Pendant l'été, au contraire, elle est atteinte et dépassée par la zone des calmes du Cancer. Les vents de nord-est arrivent à sa suite, mais ils ne déterminent qu'une période d'entière sécheresse, privés comme ils le sont de toutes les vapeurs qu'ils ont abandonnées en traversant une partie du continent américain. A Panama, des mêmes causes résultent des effets identiques. La saison pluvieuse, toutefois, y est apportée par les nuages du *Cloud-Ring*, et la saison aride par le retour des alizés du nord, qui se dépouillent de leur humidité en franchissant les cimes élevées des montagnes de l'isthme.

Dans son mouvement d'aller et de retour, la bande équatoriale doit déterminer, pour certaines contrées, deux saisons pluvieuses distinctes et périodiques. C'est ce que l'on observe effectivement à Santa-Fé de Bogota, située au centre de la zone parcourue par la ceinture nuageuse. Les vents alizés se déclarent immédiatement après chaque passage; ils soufflent alternativement des deux côtés du même parallèle, et déterminent ainsi, pour les époques sèches, deux retours périodiques parfaitement accusés.

Des considérations du même ordre nous font tout naturellement connaître pourquoi les côtes du Pérou jouissent d'un éternel beau temps. Nous nous trouvons ici sous l'influence permanente des alizés du sud. D'après leur direction, ces vents emportent loin des terres les vapeurs qui s'élèvent au-dessus des eaux tièdes de la mer Pacifique. Aussi l'action de ces bienfaisantes vapeurs ne se manifeste-t-elle que dans le calme des nuits, par les rosées rafraîchissantes qu'elles déposent. Les seuls vents régnants ont déjà parcouru l'Atlantique sud comme vents alizés ; mais depuis ils ont traversé le Brésil, nourri les sources de la Plata, alimenté les affluents de l'Amazone, et franchi la Cordillère des Andes. C'est en passant sur ces sommets glacés qu'ils ont perdu leurs dernières vapeurs et qu'ils soufflent enfin, entièrement desséchés, vers les plaines arides du Pérou.

Si nous continuons nos recherches en nous avançant vers le sud, nous rencontrerons le Chili, dont la position dans l'hémisphère austral répond à celle de la Californie dans l'hémisphère nord. Les conditions atmosphériques de ces deux contrées présentent, en effet, les plus grandes analogies, pour tout ce qui est relatif à la durée et au retour périodique des saisons sèches et de la saison pluvieuse.

Enfin, suivant la côte depuis le tropique jusqu'à l'extrémité de l'Amérique méridionale, nous retrouvons de nouveau les vents généraux de nord-ouest, dont nous avons déjà constaté l'influence, à propos des pluies torrentielles qui tombent en hiver sur cette terre, resserrée entre la mer et le pied de la chaîne des. Andes. Ces vents, on s'en souvient, sont ceux qui ont parcouru, comme vents alizés, la vaste zone tropicale du Pacifique nord. Ainsi s'explique l'abondance des vapeurs qu'ils entraînent. Par des latitudes égales et sous l'influence des vents généraux de notre hémisphère, l'Orégon, pendant l'hiver, nous a fourni l'exemple d'une précipitation aussi considérable. Le volume d'eau, toutefois, n'y est rendu moins apparent que par l'étendue de l'espace sur lequel il se répand, depuis le rivage de l'Océan jusqu'au pied des montagnes Rocheuses.

Plus on avance dans le cours de ces études comparatives, plus simples et plus immédiates apparaissent les conséquences qui en résultent. Les lois établies par Maury sont des guides fidèles. Elles nous permettent de pousser plus loin nos investigations, de suivre les vents d'un hémisphère à l'autre, à travers les continents et les mers, retrouvant partout sur leur passage les traces incontestables de leur influence et de leur origine.

Jusqu'ici nous nous sommes bornés à ne considérer que les vents alizés qui traversent l'Océan, en emportant dans les régions extratropicales les vapeurs absorbées à la surface des eaux. Mais ces vents, dans une grande partie de la zone qui leur est affectée, se trouvent en dehors de ces sources constantes d'évaporation, et arrivent entièrement secs à leur point de rencontre avec les calmes de l'équateur. Ainsi, les alizés du sud, par exemple, traversent dans toute sa largeur l'Amérique méridionale. Si ces vents reparaissent effectivement comme vents généraux dans l'hémisphère nord, leur passage dans les régions tempérées doit être caractérisé par la très-faible quantité d'eau qu'ils répandent. Suivons-les, en effet, dans les transformations qu'ils subissent à leur arrivée dans les environs du tropique du Cancer. A partir de ce moment, ils se dirigent au nord-est et soufflent, compris entre deux limites extrêmes dont il nous est facile de tracer les projections sur une carte de Mercator. Il suffit de prolonger à travers l'Europe et l'Asie les deux lignes parallèles qui unissent, l'une les iles Gallapagos à Florence, l'autre les bouches de l'Amazone à la ville d'Alep en terre sainte. Nous aurons ainsi, d'après les principes de notre théorie, la bande parcourue par les vents qui ont déjà franchi l'Amérique comme alizés du sud.

De la même manière, nous déterminerons avec une égale justesse la route suivie dans notre hémisphère par les vents qui ont traversé la partie méridionale du continent africain. Les projections des limites extrêmes, dans ce cas, sont données par les deux lignes parallèles qui courent du cap Palmas à Médine, et de l'entrée de la mer Rouge à Delhi.

Or, n'a-t-on pas lieu d'être surpris, en vérité, quand on remarque l'étrange similitude que présentent tous les pays compris dans l'une et dans l'autre de ces deux bandes parallèles? C'est sur leur prolongement, en effet, que se trouvent toutes les contrées dans lesquelles l'évaporation dépasse de beaucoup la précipitation. Les remarquables travaux de Johnstone en font foi; les cartes hygrométriques de l'Europe l'attestent. Et d'ailleurs, que l'on examine une mappemonde, et l'on verra réunis dans cette direction toutes les plaines desséchées, toutes les montagnes arides et tous les grands déserts extratropicaux de l'ancien continent.

Sans doute on peut ne pas trouver dans un pareil rapprochement des preuves suffisamment concluantes; on peut, nous voulons bien l'admettre, n'y voir que le résultat fortuit d'une curieuse coïncidence. Mais ce qu'il nous est impossible de supposer un seul instant, c'est que tous les déserts du vieux monde aient été ainsi disséminés au hasard dans la position où nous les rencontrons aujourd'hui. Tous évidemment ont une tâche à remplir, une mission qui leur est imposée, dans le but de concourir à l'harmonie générale des œuvres de la nature. Essayons, en effet, de remonter jusqu'aux causes premières. Cherchons, si nous le pouvons, à connaître l'influence qu'ils exercent sur les vents qui règnent à leur surface, et tâchons enfin de découvrir les relations qui peuvent les rattacher aux lois de la circulation atmosphérique. Et d'abord, un rapprochement tout aussi frappant que celui que nous avons signalé pour les déserts extratropicaux nous est offert par la réunion, entre les mêmes lignes parallèles, de toutes les mers intérieures de l'Europe et de l'Asie. La Méditerranée, la mer Rouge, le golfe Persique, la mer Noire, la Caspienne et l'Aral, sont autant de bassins compris dans les limites déterminées par le passage des vents qui ont déjà soufflé dans le sud de l'Amérique et de l'Afrique. Toutes ces nappes d'eau, ainsi échelonnées dans cette direction, ont nécessairement pour fonction principale le soin de rafraîchir et d'entretenir de vapeurs les vents qui les traversent.

Si grande est, en effet, l'avidité de ces vents desséchés, qu'ils absorbent à la surface de la Méditerranée trois fois le volume d'eau représenté par le cours de toutes les rivières qui s'y déversent. Les courants constants de Gibraltar attestent l'excès permanent de cette abondante évaporation. La mer Rouge nous fournit un exemple plus remarquable encore. Elle ne reçoit jamais du ciel une seule goutte de pluie; aucun fleuve, aucun ruisseau ne débouchent sur ses bords volcaniques; et cependant, dans toute l'étendue de sa surface, une couche d'eau de plus de huit pieds d'épaisseur est chaque année transformée en vapeur, et abandonnée à l'action absorbante des vents. Il est bon de remarquer ici que le tropique coupe dans son milieu cette mer longue et étroite, dirigée dans le sens de la ligne de soulèvement que Humboldt indique comme un des axes principaux du continent européen. Sa partie septentrionale est traversée par les vents généraux que nous étudions, et qui ne semblent se charger de vapeurs en ce point, que pour aller les répandre sur les montagnes au pied desquelles serpente la vallée du Tigre. Au sud du tropique, nous retrouvons les vents alizés du nord-est, soufflant impunément sur les déserts de la Nubie et de l'Abyssinie, mais condamnés ensuite, sous l'action croissante du froid, à perdre dans les montagnes de la Lune toute l'eau absorbée à la surface de la partie méridionale de la mer Rouge.

En avançant vers le nord-est, le golfe Persique se présente à nous dans des conditions à peu près analogues. Les vents qui le traversent ont déjà parcouru pour l'atteindre tous les déserts de l'Arabie. Mais, dès qu'ils l'ont franchi, ils continuent leur course, saturés de vapeurs qui ne tardent pas à rencontrer dans la température sans cesse décroissante le degré favorable à leur condensation. Non loin de là, en effet, le cours de l'Indus peut représenter le volume exact de cette précipitation.

Enfin, la mer Caspienne et l'Aral se trouvent également sur le passage de ces vents altérés. Ces deux mers n'ont point d'écoulement connu vers l'Océan; leur niveau est cependant toujours invariable. Un constant équilibre doit donc être établi entre les quantités d'eau qui tombent dans leur sein et les masses gazeuses qu'elles livrent à l'atmosphère.

Ce n'est qu'après avoir franchi les chaînes de l'Oural que les vents généraux commencent à abandonner sans retour les trésors de vapeurs qu'ils avaient alternativement amassés, perdus et recueillis de nouveau dans l'immense trajet parcouru depuis les continents du sud jusqu'aux frontières orientales de la Sibérie. C'est en franchissant les steppes glacées qu'ils se dépouillent des dernières traces de leur humidité; c'est là qu'il faut chercher la plus juste expression et l'équivalent véritable des masses d'eau absorbées par les vents à la surface des mers intérieures. Le volume en est assez considérable; il est capable d'alimenter les cours de l'Obi, de l'Ienisseï et de la Léna.

Ainsi, tout se tient, tout s'enchaîne. Nous découvrons enfin dans quelles proportions les vents et les déserts, les mers et les montagnes concourent à la grande harmonie des lois de la nature. Merveilleux est l'accord de leurs combinaisons! Au centre de l'Asie, nous avons constaté avec quel parfait équilibre la Caspienne et l'Aral rendent à l'atmosphère toutes les eaux qui coulent autour de leur bassin.

Sur d'autres points, la Méditerranée, la mer Rouge et le golfe Persique se déroulent, comme autant de vastes nappes d'eau répandues, sur la route des vents, pour leur restituer en partie les vapeurs qui ont grossi déjà les affluents de l'Amazone et qui ont alimenté les sources du Niger et du Congo.

Devant une pareille concordance de faits, est-il encore nécessaire de faire remarquer qu'en dehors de ces deux bandes aussi nettement caractérisées, on retrouve, au contraire, la plupart des grands fleuves et toutes les contrées humides de l'Europe et de l'Asie? D'un côté, nous voyons, en effet, l'Elbe, le Rhin et tous les cours d'eau qui se jettent dans l'Atlantique; de l'autre, c'est le Gange et le vaste réseau des rivières chinoises. Partout les mêmes causes, la même influence, on pourrait presque dire la même origine. Nous nous trouvons de nouveau en présence des vents de sud-ouest, qui ont parcouru, comme vents alizés, les régions tropicales du Pacifique sud. Nous les avons déjà vus, chargés d'alimenter les grands lacs d'Amérique et les vallées du Missouri et du Mississipi; nous les rencontrons maintenant à travers le vieux monde, emportant encore des trésors de vapeurs que le voisinage des régions polaires est seul capable d'épuiser.

Le commandant Maury remarque, avec une particulière insistance, les liens étroits de solidarité que toutes les sciences semblent avoir entre elles. C'est ainsi que la théorie de la circulation des vents vient en aide à la géologie, pour expliquer le phénomène, assez impénétrable d'ailleurs, que présente la surface des eaux de la mer Morte, descendue à plus de douze cents pieds au-dessous du niveau de la Méditerranée. Aucune communication ne peut exister de l'une à l'autre mer. Quelle a donc pu être la cause première de cette dépression? On en avait jusqu'ici cherché l'explication dans la configuration des lieux environnants; on en faisait naturellement remonter l'origine à l'époque des convulsions volcaniques et des soulèvements plutoniens. Sans doute elles sont d'une irrésistible puissance, les forces qui peuvent laisser à la surface de notre globe des traces aussi grandioses de leur action. Mais est-il nécessaire de circonscrire les recherches dans un seul ordre d'idées? Au lieu de restreindre notre examen à de simples considérations locales, cherchons, au contraire, quelles sont les relations qui doivent exister entre les eaux de la mer Morte et les lois générales de l'équilibre atmosphérique. Puisque le niveau de cette mer reste aujourd'hui stationnaire, on peut admettre, comme point de départ, qu'elle ne reçoit de l'air environnant que le volume d'eau qu'elle lui restitue par évaporation. Elle se trouve comprise, en effet, dans l'une des deux régions de *moindre précipitation* que nous avons précédemment explorées. C'est dans la bande soumise à l'influence des vents généraux qui ont traversé, comme vents alizés, l'Amérique du Sud.

Or, puisqu'en principe on admet les perturbations incessantes auxquelles la surface du sol a été exposée, pourquoi n'admettrait-on pas des variations correspondantes dans les conditions hygrométriques des courants de l'atmosphère? La direction de ces courants n'a pu changer, déterminée comme elle l'est par le mouvement diurne de la terre autour de son axe polaire. Mais les quantités d'eau qu'ils ont mission de répandre dans les régions lointaines sont des éléments bien plus facilement variables; ils dépendent de l'étendue des surfaces liquides qui se déroulent progressivement sur leur route. Ces vents alizés de sud-est, que nous considérons ici comme entièrement secs, ont-ils toujours rencontré devant eux le continent du sud et l'immense rideau de la chaîne des Andes? N'ont-ils pas été appelés, eux aussi, à se charger de vapeurs fécondantes, lorsque les eaux tièdes des zones tropicales s'étendaient sans interruption d'un océan à l'autre? Dans l'ordre géologique, cette période d'immersion du sud de l'Amérique n'est pas très-reculée; la cime des Cordillères en porte encore la trace incontestable.

À cette époque, la mer Morte recevait donc, à son tour, des vapeurs ainsi transportées par les vents l'excès de précipitation qui maintenait ses eaux à la hauteur moyenne de la surface de la Méditerranée.

L'égalité du niveau des deux mers est un fait infiniment probable, que la géologie admet comme évident. Le capitaine Lynch croit même avoir trouvé les traces du lit d'une ancienne rivière de communication.

Dès lors, l'énorme dépression que l'on constate aujourd'hui d'un côté peut être attribuée à la diminution progressive des vapeurs dont les vents sont chargés. Il suffit pour cela d'établir que la cause première de leur altération, par le soulèvement des Andes, appartient à une époque postérieure à la période des grandes commotions volcaniques; en d'autres termes, que les convulsions souterraines du vieux monde sont plus anciennes que celles qui ont donné naissance au continent américain. Comme on le voit, c'est réduire la difficulté à une simple question de dates, et c'est ainsi que l'étude des vents peut nous aider à remonter le cours des âges et à comparer simultanément dans les deux hémisphères, l'ordre et la succession des grands événements géologiques.

Cette explication, que Maury ne présente d'abord que comme une pure hypothèse, ne se rapporte pas seulement à l'abaissement des eaux de la mer Morte; elle peut servir encore à la comparaison des niveaux de la plupart des mers intérieures. Appliquée au système des grands lacs de l'Amérique septentrionale, elle revêt un caractère de vraisemblance qu'il devient impossible de nier. Ces vastes nappes d'eau, dont la superficie embrasse une étendue au moins égale à celle de la mer Caspienne, reçoivent des vents du Pacifique beaucoup plus d'eau qu'elles n'en rendent à l'atmosphère par l'évaporation. Le Saint-Laurent déverse vers le nord l'excès qui en résulte. Le volume de cette condensation n'a pas toujours été invariable. Il était plus abondant jadis, lorsque les eaux, forcées de s'échapper dans plusieurs directions, se frayaient vers le sud un lit d'écoulement dont on retrouve çà et là les incontestables vestiges. D'ailleurs, à l'époque des crues et des inondations, on se rappelle encore avoir vu des bateaux franchir l'espace qui sépare ces lacs du cours actuel du Mississipi.

Maintenant, pour expliquer la cause de cette diminution progressive dans la quantité d'eau apportée par les vents pluvieux, nous pouvons recourir à une supposition qui doit nous ramener à la réalité. Si, à quelques centaines de milles, dans la direction même des vents de sud-ouest, nous admettons l'apparition subite d'un obstacle quelconque, capable d'abaisser la température au-dessous du degré nécessaire à la condensation des vapeurs dont ces vents sont chargés, toute précipitation devrait, par ce fait, disparaître dans les régions que nous considérons. Les lacs continueront d'abord à écouler vers la mer le trop-plein de leurs eaux. Mais ces pertes, que rien désormais ne répare, ne tarderont pas à en tarir le cours; ainsi se dessécherait le lit du Saint-Laurent, ainsi s'épuiserait jusqu'à ses derniers flots l'immense nappe bondissante de la Niagara.

Dès ce moment, les niveaux s'abaisseraient encore. Ils descendraient sans cesse, et par la réduction des surfaces soumises à l'action absorbante des vents, ils finiraient par atteindre le point où l'évaporation se trouve en équilibre avec la précipitation des vapeurs passagères qui peuvent encore se rencontrer en suspension dans l'air. Telles seraient évidemment les conséquences infiniment probables de l'hypothèse que nous venons d'admettre. Mais, abandonnant les suppositions pour entrer dans le domaine de la réalité, que remarquons-nous sur le passage des vents généraux qui traversent de l'occident à l'orient l'Amérique du Nord?

A la place du rideau factice que nous avons élevé devant eux, nous voyons se dérouler la chaîne des montagnes Rocheuses et les sommets glacés de la Sierra Nevada. Leur apparition sans doute n'a pas été soudaine. Mais, dans le cours des siècles, quelque faible qu'ait été l'action souterraine de leur soulèvement, et quelque lent que soit le refroidissement de leurs cimes neigeuses, la plus légère différence a pu suffire pour altérer les conditions hygrométriques des vents, diminuer leur précipitation et expliquer par suite la dénivellation des nappes d'eau répandues dans la plaine.

Ainsi le lac salé de l'Utah, dont il n'existe plus aujourd'hui d'écoulement vers la mer, se trouve précisément dans le sud-ouest des grands lacs qui ont également cessé de se répandre vers le sud dans le golfe de Mexico. Le lac Tadjura, de nos jours, n'a point encore atteint son niveau d'équilibre; l'évaporation y est plus forte que la condensation. Ses eaux baissent toujours; elles sont déjà descendues à plus de cinq cents pieds au-dessous de la mer.

La transformation qui s'opère dans le sein du lac Titicaca appartient à une époque dont l'origine paraît moins reculée que celle à laquelle remonte la dépression subie par la mer Morte. Les eaux ne sont encore que saumâtres, mais elles se saturent toujours davantage et se chargent de tous les sels recueillis par les pluies dans le bassin intérieur des Andes.

Telles sont les conditions que présenteraient infailliblement la plupart des mers intérieures, si leur communication directe avec l'Océan se trouvait accidentellement fermée. Que deviendrait, par exemple, le golfe du Mexique, si le travail sous-marin des madrépores réunissait un jour Cuba au Yucatan et parvenait à obstruer l'entrée de la Floride? Toutes les eaux du Mississipi ne suffiraient pas, sous un soleil ardent, à équilibrer l'action absorbante de l'atmosphère. La surface du golfe ne tarderait pas à se déprimer, à descendre et à tomber enfin jusqu'à un niveau d'équilibre dont il est difficile de prévoir la limite.

C'est également ce que produirait, dans le bassin de la Méditerranée, le soulèvement volcanique qui viendrait subitement barrer le passage de Gibraltar.

Le tribut que cette mer reçoit des rivières qui s'y déversent représente à peine le tiers du volume d'eau qu'elle abandonne à l'évaporation. On ne s'écarterait donc pas de la réalité en admettant pour elle, en ce cas, une dépression au moins aussi considérable que celle que l'on constate aujourd'hui dans le niveau des eaux de la mer Morte.

Ainsi se développent et s'enchaînent les fonctions multiples que remplissent les vents dans le système général de la circulation atmosphérique. Ici, nous venons de les voir chargés de sécher, d'assainir les plaines trop humides; là, ils alimentent les torrents des montagnes avec les eaux puisées aux mers les plus lointaines. Partout ils ont mission d'entretenir, dans les divers climats, les conditions atmosphériques les plus avantageuses au développement, au progrès, à la vie de tous les êtres créés qui couvrent notre globe.

Au point de vue de la géologie, nous devons désormais cesser de les considérer comme les emblèmes classiques des changements et des variations, comme les types éternels de l'inconstance et de la légèreté. Suivant les expressions de Maury, ce sont au contraire de vieux et fidèles chroniqueurs qui nous aident à pénétrer le mystère de la nature; ce sont les témoins révélateurs qui peuvent attester si la formation de la chaîne des Andes, dont les sommets glacés se perdent dans les cieux, a précédé ou suivi l'abaissement des flots qui dorment aujourd'hui, au fond de la mer Morte, sur leurs couches épaisses de sels cristallisés.

CHAPITRE NEUVIÈME.

MOUSSONS ET BRISES JOURNALIÈRES.

Action exercée sur les vents par les déserts de l'Afrique et de l'Asie
centrale. - Formation des moussons, — leur prédominance dans
l'hémisphère nord.— Déviation et renversement des alizés.—Action
des déserts sur les ouragans tournants.—Trajectoires paraboliques.
— Brises de terre. — Brises de mer, — leur origine,—leur caractère, — leur variation suivant la latitude. — Appel fait par la
science aux générations contemporaines. — Conclusion.

Après avoir exposé dans leur ensemble les lois fondamentales auxquelles obéissent les principaux courants de l'atmosphère, il nous reste encore à tenir
compte des causes accidentelles qui peuvent les dé-
tourner de leur route et les faire dévier dans une direction quelquefois opposée à celle qui semble leur
avoir été primitivement assignée. Pour connaitre l'o-
rigine de ces variations, il faut avoir égard aux
changements de température, et particulièrement à
l'échauffement excessif que subissent pendant l'été
certaines parties de nos continents.

C'est ainsi que nous avons déjà eu l'occasion de
constater l'influence exercée sur les vents alizés de
nord-est par les sables brûlants du grand désert de

Sahara. Dès que le soleil remonte vers le nord, la surface du sol s'échauffe dans toute l'étendue de ces plaines arides; la terre renvoie par le rayonnement l'excès de calorique qu'elle ne peut garder. L'air des couches inférieures se dilate et s'élève; il entraine avec lui vers les hautes régions les vents qui désormais subissent sans obstacle l'impulsion verticale des courants d'ascension.

Les conséquences de ces perturbations ne se réduisent pas à une action locale. Leur influence se fait sentir au loin. Dans l'intérieur de l'Afrique, l'échauffement du sol, qui, pendant tout l'été, arrête dans leur cours les alizés du nord, favorise précisément, par le vide qu'il détermine, l'accès vers ces régions des vents qui jusque-là ont soufflé du sud-est dans l'hémisphère austral.

Ces alizés du sud, loin de rencontrer un obstacle aux approches de l'équateur, obéissent au contraire à l'attraction lointaine qui les fait obliquer vers la côte africaine.

Aussi, dans leur passage d'un hémisphère à l'autre, les voit-on peu à peu dévier de leur route, tourner vers l'orient, s'infléchir au nord-est, et s'établir ainsi dans la direction des déserts que n'ont pu traverser les alizés du nord. Telle est, pour la Sénégambie et pour le golfe de Guinée, l'origine des vents du sudouest, qui arrivent du large chargés d'humidité.

Dès que le soleil décline vers le sud, les alizés du nord reprennent leur empire, et régnent sans entrave pendant toute la durée de la saison d'hiver. C'est généralement sous le nom de *mousson* que l'on désigne le renversement régulier des deux grandes brises qui se succèdent alternativement dans des directions opposées [39].

La plus remarquable dans l'Atlantique est celle dont nous venons d'indiquer l'origine. Elle se fait sentir sur la côte d'Afrique depuis l'équateur jusqu'au delà des îles du Cap-Vert. Toutefois, les immenses plaines arides du Texas, de l'Utah et du Nouveau-Mexique ne sont pas sans influence sur les perturbations que subissent les alizés du nord, des deux côtés du continent américain. Pendant la saison chaude, ces vents s'infléchissent au sud dans le golfe de Mexico. Dans le Pacifique, au contraire, ils passent à l'ouest, et viennent encore comme une brise du large rafraîchir les côtes et le golfe profond de la Californie. Mais c'est surtout dans l'océan Indien, dans le Bengale et sur la côte de Malabar, que l'on rencontre les moussons avec les caractères les mieux définis et les plus remarquables.

La marche de ces vents, périodiquement variable suivant la déclinaison du soleil, semble avoir été constatée dès la plus haute antiquité.

Les compagnons d'Alexandre connurent les avantages qu'ils pouvaient espérer des grandes brises régulières, qui, pendant tout l'hiver, pouvaient si rapidement les conduire des rives de l'Indus vers les bords de la mer d'Arabie.

Pendant l'été, au contraire, la mousson du sud-ouest, déjà connue sous le nom d'*Hippalos*, permettait aux hardis marins d'Aden et de Socotora de s'aventurer dans la haute mer pour aller jusque dans la presqu'île du Gange chercher l'or de Mélinde et les richesses de la lointaine Chrysé (40).

Cette mousson dans l'océan Indien, comme dans l'Atlantique, n'est autre chose que le renversement des alizés du sud qui pénètrent avec le soleil dans notre hémisphère, attirés à la fois vers l'orient et vers le nord par le mouvement diurne de la terre et par le vide atmosphérique que produit l'échauffement du sol dans les déserts de Gobi et de l'Asie centrale. C'est Dove, le premier, qui a supposé que les moussons de l'hémisphère nord devaient être le résultat de la déviation des alizés du sud. Cette opinion n'est plus une simple hypothèse depuis qu'on a pu vérifier qu'en passant d'un hémisphère à l'autre, il n'existe effectivement aucune solution de continuité, aucune zone de calme dans les régions soumises aux renversements périodiques des vents. La bande équatoriale se trouve déplacée, ou plutôt se trouve refoulée par l'invasion de la mousson du sud. Elle est, par le fait, transportée sur le sol brûlant des déserts, où elle ne cesse d'accomplir la tâche importante qui lui a été assignée. Comme sous l'épaisse voûte du *Cloud-Ring*, elle nous représente toujours le véritable foyer d'attraction où viennent se rencontrer deux grands courants de direction contraire.

En étudiant l'origine des moussons, nous avons été conduits à admettre l'action directe que les grandes plaines arides de notre hémisphère exercent sur les variations des vents qui, à certaines époques de l'année et dans certaines régions, se manifestent à la surface de l'Océan. Au point de vue de la navigation et sous le rapport des communications entre les divers peuples du monde, cette influence est des plus bienfaisantes. Mais là ne se borne pas le rôle unique que les déserts semblent avoir à remplir dans les perturbations et dans les révolutions périodiques de l'atmosphère.

Quand on cherche à découvrir les lois qui régissent les tempêtes, on observe que ce n'est que dans les mers soumises à l'action des moussons que l'on rencontre ces terribles orages qui tourbillonnent autour d'un centre, et qui se meuvent en même temps sur une courbe dont la direction commence à être assez bien connue de nos jours. Que l'on considère en effet, à cet égard, le nord de l'Atlantique et les mers de l'Inde et de la Chine! D'un côté, ce sont les coups de vent du Mexique et les *Tornades* du golfe de Guinée; de l'autre, ce sont les typhons du Bengale, de Macao, et les ouragans de Bourbon et de l'île de France. Toutes ces mers sont soumises aux moussons, et c'est précisément aux époques périodiques de leur renversement que se déclarent soudain dans l'atmosphère ces terribles commotions giratoires que l'on n'observe ni dans l'Atlantique austral ni dans toute l'immense étendue du Pacifique sud. Il existe donc là des liens

évidents de solidarité entre ces perturbations atmosphériques et la cause première de la déviation des
vents, c'est-à-dire l'échauffement excessif du sol dans
les plaines arides de notre hémisphère.

Nous ne faisons qu'indiquer l'action des déserts sur
les tempêtes à tourbillons. Nous avons vu que les variations de température occasionnées par les grands
courants d'eaux chaudes qui traversent les mers, exercent sur ces phénomènes atmosphériques une influence
analogue et une véritable attraction. Nous savons encore que les ouragans tournent de droite à gauche
dans l'hémisphère nord, et dans le sens contraire dans
l'hémisphère sud. Les déviations progressives des alizés du nord-est, qui, en vertu de la loi Foucault, sau-
tent au sud-ouest en passant par le nord, expliquent
aisément l'origine de cette direction. Le mouvement
se trouve naturellement renversé pour les ouragans de
l'hémisphère austral. En tenant compte à la fois de
leur impulsion giratoire, du mouvement diurne et de
la force qui les sollicite vers le lit du Golfstrim ou
vers le grand courant qui prend naissance dans l'o-
céan Indien, on a reconnu que la trajectoire qu'ils dé-
crivent est une courbe parabolique dont le sommet se
trouve près du lieu d'origine de ces puissants courants, et dont les branches s'ouvrent vers l'orient en
remontant l'une au nord et l'autre vers le sud. Ces
conclusions purement théoriques s'accordent assez
bien avec les observations météorologiques qui constatent que, dans l'Atlantique nord par exemple, les

Tornades du golfe de Guinée courent directement au nord-ouest jusqu'aux grands bancs de Bahama, et qu'ensuite, entraînés par le cours du Golfstrim, ils remontent avec lui au nord-est, où ils s'évanouissent entre les Bermudes et les bancs d'Halifax. Il en est de même des typhons de la Chine, qui, d'après Hosburgh, semblent venir du sud-est, et s'infléchissent ensuite vers le nord en suivant le courant chaud qui s'échappe de l'océan Indien.

Certes, nous ne connaissons jusqu'à présent que les effets désastreux de ces bouleversements atmosphériques. Mais au milieu même de ces terribles convulsions, au milieu de ce chaos apparent, il existe une marche trop régulière et trop invariable pour ne pas y voir la main toute-puissante qui en règle le cours, qui en distribue les effets pour les faire concourir au grand système d'équilibre et de compensation qui règne sur la nature entière.

On est parvenu à déterminer sur une mappemonde les régions de l'Océan directement soumises à l'action des moussons. Au premier aspect, on reconnaît sans peine que c'est presque exclusivement dans l'hémisphère nord que se manifestent les perturbations de l'atmosphère, qui, pendant la moitié de l'année, ouvrent un libre accès aux vents alizés de l'hémisphère austral. Entre des parallèles correspondants, la température moyenne de l'été doit donc se trouver plus élevée pour nous, qu'elle ne peut l'être, pour des latitudes égales, de l'autre côté de l'équateur.

Cette loi physique, dont les courants de l'atmosphère nous révèlent le secret, a été depuis bien longtemps confirmée par les observations thermométriques des météorologistes. Nous l'avons trouvée établie par la comparaison des lignes isothermes, dans l'étude des grands courants sous-marins qui sillonnent le sein de l'Océan.

Indépendamment des moussons, il existe encore dans la circulation de l'air un autre genre de perturbation que l'échauffement du sol occasionne. C'est le mouvement alternatif, la succession régulière qui s'établit chaque jour entre la *brise de terre* et la *brise de mer,* sur tout le littoral des zones intertropicales. Pendant l'été, ce phénomène se produit encore dans les régions tempérées, et même sur les côtes des contrées les plus froides. — Dans cette saison, en effet, l'action du soleil sur la terre commence dès le matin à se faire sentir. Vers les dix heures, elle est déjà capable de maintenir la surface du sol à une température supérieure à celle de la mer. Dès ce moment, l'équilibre est détruit; l'air échauffé se dilate et s'élève; il est remplacé par les couches voisines qui viennent de la plage, plus denses et plus fraîches. Bientôt le mouvement se transmet sur les flots; il se propage au large et finit par s'étendre jusqu'à une distance de plusieurs milles au delà du rivage.

Mais avec la cause cesse aussitôt l'effet qu'elle a fait naître.

Quand le soleil s'incline à l'horizon, la brise de la

mer perd de son énergie. Elle s'affaiblit peu à peu,
et tombe vers le soir dès que la terre a laissé échapper,
par le rayonnement, l'excès de calorique qui en fait
dans le jour un foyer d'attraction. Avec la nuit, le
refroidissement du sol continue à s'accroître. L'équilibre
un instant rétabli s'altère de nouveau; mais c'est sur
les flots, cette fois, que s'élèvent les couches chaudes
et légères; c'est de la côte que se précipitent les colonnes d'air frais qui entretiennent, jusqu'au retour
des premiers rayons du soleil, la brise vivifiante qui
souffle du rivage.

Telle est l'origine des brises de terre et des brises
du large, dont la succession semble aussi régulière que
celle du jour et de la nuit dans les contrées où elles se
manifestent.

Toutefois, ce n'est pas avec la même intensité ni
avec les mêmes caractères que le phénomène se produit sur les côtes soumises à l'action permanente de
certains vents régnants. Il est évident que l'échauffement du sol pendant le jour, et son refroidissement
par le rayonnement nocturne, ne sont pas des causes
assez puissantes pour renverser ni même pour altérer
profondément le cours des alizés. Mais ces causes
pourtant produisent des effets qui sont rendus sensibles par les variations que l'on peut observer dans
l'intensité de la brise. Ainsi sur la côte d'Afrique, où
les vents alizés, dans les deux hémisphères, soufflent
également comme brise de terre, il y a, par le seul
fait du refroidissement nocturne, une augmentation

très-marquée dans la force du vent. Pendant le jour, l'échauffement du sol produit l'effet contraire. Il modère, sans toutefois en entraver le cours, la brise qui continue toujours à souffler du côté de la terre.

Au delà de l'Atlantique les rôles sont changés. C'est comme brise du large que les alizés arrivent au Brésil, à Fernambouc et sur toute la côte orientale de l'Amérique. Aussi fraîchissent-ils rapidement et augmentent-ils d'intensité quand le soleil commence à darder ses rayons sur le sol. Mais ils diminuent vers le soir, sans toutefois changer de direction et sans céder la place à la brise que le rayonnement nocturne tend à alimenter du côté de la terre.

C'est surtout dans la zone des calmes de la ligne que l'on peut observer dans toute sa régularité le phénomène des brises de terre et des brises du large,

Dans le golfe de Guinée et sur les côtes de la mer des Antilles, la succession régulière du jour et de la nuit amène dans la circulation de l'air des révolutions tout aussi périodiques et aussi régulières. Au Chili, le renversement journalier de la brise prend un caractère vraiment très-singulier dans la saison où la zone des calmes du Capricorne atteint, dans ses oscillations extrêmes, sa limite méridionale. C'est pour Valparaiso l'époque des chaleurs. Le ciel est pur, l'air transparent, le rayonnement dans l'espace s'opère sans obstacles. L'atmosphère, dans cet état d'équilibre parfait, semble être admirablement disposée à obéir à la moindre impulsion qui lui sera donnée par le plus léger changement dans la température.

Dès dix heures, en effet, la terre a ressenti les effets du soleil : l'air échauffé se dilate et remonte. La brise se forme sur les flots, elle fraîchit, elle court vers la terre. A deux heures environ, elle souffle du large avec une violence extrême. Les navires mouillés en sont très-souvent tourmentés; ils chassent sur leurs ancres, et la circulation sur rade est rendue impossible. Mais à six heures le vent commence à épuiser ses forces. Il tombe promptement, il s'éteint, il expire, et le calme du soir devient aussi profond que celui du matin.

Le lieutenant Jansen nous a donné une description aussi exacte que pittoresque de l'établissement et de la succession des brises de terre et des brises du large dans les régions intertropicales, et particulièrement sur les côtes de l'archipel Indien. « A Java, nous dit-il, dès que les premiers rayons du soleil sortent du sein des flots, on voit à l'horizon la fumée des volcans couronner la cime des montagnes. L'air est immobile dans ces hautes régions. Les blanches colonnes qui les dominent montent verticalement dans un ciel sans nuages.

C'est l'heure où sur la côte la brise du matin n'est pas entièrement éteinte; elle ride encore la surface des flots et emporte avec elle les fraîches vapeurs qui viennent ranimer les habitants de ces contrées brûlantes.

Aux premiers feux du jour, en effet, tout renaît, tout s'éveille. Au profond silence de la nuit succèdent les mille bruits divers, les mille voix confuses de la nature entière. Tout ce qui vit sent le besoin de répandre au dehors ses accents d'amour et de reconnaissance. Chacun, dans sa voie, vient ajouter sa note à l'hymne du matin; l'air, encore tout humide de la rosée du soir, en transmet les accords et en emporte au loin, sur la mer et les monts, les sons ravissants et joyeux (41).

Mais à mesure que le soleil s'élève, la voûte des cieux s'inonde de lumière. La brise du matin joue encore quelque temps, mais bientôt épuisée, elle tombe et s'endort. Le calme se répand sur la terre et la mer, et pourtant l'atmosphère est loin d'être immobile. Sous l'action de la chaleur croissante, l'air vibre et se dilate en ondes verticales. Ce tremblement léger, imperceptible aux sens, produit le doux frémissement qui divise et fait scintiller en gerbes lumineuses les rayons du soleil que réfléchit au loin la surface ondulée mais polie et miroitante des flots.

Pour le marin qui croise à quelques lieues des côtes, le rivage semble se rapprocher alors et déployer à ses yeux toutes ses séductions. Les contours paraissent plus distincts, les détails plus nettement marqués. C'est surtout dans la saison des pluies que les couches de l'air sont le plus transparentes. Si limpide est alors l'atmosphère, qu'en plein jour on peut quelquefois apercevoir Vénus, et qu'à plus de vingt-cinq ou trente lieues au large on commence à découvrir le profil de montagnes dont le sommet ne s'élève pas à plus de deux mille mètres au-dessus de la mer (42).

Trompé par le mirage, le navigateur craint d'avoir été le jouet des courants. Inquiet, il sonde, il interroge le ciel et le rivage. Plein d'anxiété, il attend les premiers souffles du vent, qui doivent l'écarter des dangers vers lesquels il croit être entraîné. En ce moment d'ailleurs, la chaleur sur le pont devient insoutenable; les planches brûlent sous les pieds; les rayons d'un soleil dévorant pénètrent tout obstacle. Mais fort heureusement, c'est l'heure où la lutte va s'engager au large entre les ondulations verticales de l'air et le mouvement transversal qui sollicite vers la plage la brise de la mer.

A l'horizon, en effet, apparaissent sur les eaux quelques taches d'une teinte azurée. Ce sont les premières bouffées qui viennent effleurer et ternir la surface transparente des flots. Elles disparaissent, reviennent, s'étendent, se prolongent, et finissent par former une large ceinture d'un bleu foncé qui annonce l'approche de la brise du large. Une heure ou deux s'écoulent quelquefois entre l'apparition de ces premiers indices et l'établissement définitif du vent. Il arrive enfin frais et vivifiant, persiste, se maintient, et règne sans obstacle jusqu'au déclin du jour. Quand le soleil descend vers l'horizon, on remarque presque toujours un redoublement dans l'intensité de la brise. On dirait qu'elle a hâte d'achever sa tâche journalière. Au-dessus de la mer, l'air rafraîchi se charge d'une vapeur légère. Ce n'est qu'une brume grisâtre qui enveloppe les pointes et les caps, et qui étend un voile de fumée sur le profil des côtes et les contours du rivage. D'épais nuages noirs s'arrêtent sur les mornes et restent suspendus sur le flanc des montagnes.

Tourmentée par la brise, la mer est courte et saccadée. De la crête des lames qui se heurtent, on voit se détacher une poussière humide, une pluie floconneuse que le vent chasse au loin et que les rayons du soleil colorent en franges irisées, en flammes tournoyantes.

Pendant ce temps, les nuages continuent à s'amonceler sur les sommets lointains. La foudre y retentit déjà, et quelques éclairs commencent à percer le voile de vapeur qui couvre le rivage (43).

Le jour touche à son terme ; à peine le soleil a-t-il disparu sous les flots que la brise du large tombe peu à peu et expire. La mer elle-même s'apaise, la brume se dissipe, les étoiles scintillent, tout est calme et limpide dans l'air et sur les flots. Mais sur la terre, au contraire, l'atmosphère est chargée et le ciel menaçant. Sur le haut des montagnes la foudre gronde, l'horizon est en feu, la pluie tombe à torrents.

Retenu par le calme, le navigateur suit pourtant sans terreur les progrès de l'orage. Il sait que c'est de ce côté que doit venir le vent ; il en guette le premier souffle ; c'est lui qui doit gonfler sa voile et lui permettre pendant toute la nuit de s'élever au large.

Du côté de la terre, en effet, les sombres vapeurs se dégagent, le ciel change d'aspect, l'horizon s'éclaircit, et du haut des montagnes se détachent des masses nuageuses que chassent vers la mer les premières bouffées de la brise. Elles sont assez souvent précédées ou suivies de quelques *grains* de pluie. Les premières risées arrivent toutes chargées des parfums du rivage; elles se succèdent, se multiplient, et finissent par souffler fraîches et régulières jusqu'au lever du jour. Çà et là quelques nuages noirs continuent à se détacher de la cime des monts. Ils fuient et se dispersent au-dessus de la mer. C'est un signe assuré que le vent régnera avec assez de force pendant toute la nuit.

L'atmosphère d'ailleurs est pure et transparente. Les étoiles scintillent avec un vif éclat. Leur brillante lumière fait ressortir au sein de la voûte azurée les mystérieuses lacunes, les sombres et incommensurables abimes, *the cold sacks,* sur lesquels se détachent, en signes flamboyants, les bras étincelants de l'immobile *Croix du Sud.* Dans la magnificence de ces nuits tropicales, la surface des flots réfléchit les merveilles du ciel. L'air demeure inondé d'un vague et doux éclat dont les tremblants reflets rappellent la clarté des nuits crépusculaires de nos froides contrées. »

Ainsi que nous l'avons déjà fait remarquer, ce n'est pas seulement dans les zones intertropicales que se manifeste la succession régulière des brises de terre et des brises du large. Pendant la saison chaude, elle se produit encore avec une parfaite régularité dans le voisinage des côtes de nos mers septentrionales. Dans une récente croisière [1] c'est effectivement ce qu'il

[1] Croisière de la frégate *l'Impétueuse* pendant les mois de mai, juin et juillet 1859.

nous a été permis d'observer sur les deux bords opposés et assez resserrés de l'Adriatique. Chaque jour de beau temps, la brise s'élevait au large et venait à la fois dans deux directions contraires rafraichir d'un côté les rivages de l'Istrie et de la Dalmatie, de l'autre ceux de la Romagne et de la Vénétie. Dès le soir, avec les derniers rayons du soleil s'évanouissaient aussi les derniers souffles du vent. L'horizon, du côté de la terre, se chargeait de sombres nuages ; le tonnerre ne tardait pas à gronder, et chaque jour, à la même heure, l'orage éclatait avec une égale violence sur la cime lointaine des Alpes et sur les derniers contre-forts des Apennins.

Comme dans l'archipel Indien, comme dans les îles de l'Océanie, il se dissipait généralement en se rapprochant de la mer ; il franchissait rarement la ligne du rivage. Quelques beaux nuages chassés des montagnes nous annonçaient l'approche de la brise. L'horizon se dégageait du côté de Venise, et pendant tout l'été, après les violents orages du soir, nous voyions le ciel s'illuminer et rappeler sur les flots bleus du golfe Adriatique les splendides nuits des zones tropicales [1].

En général, on observe que les quelques instants de calme et d'équilibre qui précèdent le lever de la brise

---

[1] C'est effectivement à cette heure, et après une journée d'accablante chaleur, que nous vîmes arriver de l'intérieur des terres et éclater au-dessus de Venise, quelques instants après le coucher du soleil, le mémorable orage de la Saint-Jean qui venait d'inonder d'un torrent de pluie le champ de bataille de Solferino.

de terre, sont de moindre durée que ceux qui annoncent le retour de la brise du large. Quelle peut en être la raison?

Pour résoudre une telle question, on comprend qu'il ne faut pas s'en tenir seulement à l'échauffement et au refroidissement alternatifs et périodiques de la terre. C'est là, sans doute, une cause première et prédominante. Mais il existe encore des causes secondaires dont il faut également tenir compte. Telles sont, par exemple, les sinuosités et le relief des côtes, la direction des vents, la hauteur des montagnes, leur distance et leur forme. On doit, en outre, avoir égard à la transparence de l'air, à la position du soleil, peut-être même à celle de la lune [1], à l'état électrique de l'atmosphère et à l'humidité qu'elle contient. Tels sont les éléments divers que l'on ne pourra négliger toutes les fois qu'on cherchera à expliquer les irrégularités apparentes qui se présentent dans l'établissement des brises de terre et des brises du large (44).

Sans doute les observations recueillies de nos jours

[1] L'influence de la lune sur l'enveloppe atmosphérique de la terre a été mise hors de doute par Arago, dans ses Notices scientifiques. Ainsi, dans une période de trente ans, il a été constaté que les pluies sont plus abondantes pendant le premier quartier que pendant le dernier. Tout en combattant la plupart de nos préjugés à ce sujet, l'illustre académicien a montré cependant ce qu'il y avait de réel dans l'action que notre satellite exerce sur notre enveloppe gazeuse.

C'est dans ce sens que se sont prononcés MM. Babinet et Leverrier, dans la séance du 3 décembre 1860, contrairement, nous devons l'avouer, à l'opinion de leurs collègues de l'Institut.

ne nous permettent point encore d'assigner aux différents courants qui sillonnent la mer et l'atmosphère,
des limites aussi nettes, aussi précises que celles que
nous avons indiquées pour le lit du Golfstrim, par
exemple. Le temps seul, en multipliant les voyages,
pourra nous fournir les éléments qui nous manquent
pour compléter les détails et fixer les idées. Mais ce
que nous avons obtenu à présent, grâce aux importantes découvertes du commandant Maury, c'est l'inter-
prétation rationnelle, c'est la coordination parfaite de
la plupart des phénomènes demeurés jusqu'ici épars,
incohérents, dans les diverses branches de la science
météorologique de notre époque. Le savant officier de
la marine de l'Union ne s'est point borné à recueillir,
de tous les points du monde, les documents nautiques
les plus variés qu'on ait jamais pu réunir avant lui ;
avec ces précieux éléments il a su édifier et construire.
Il a créé l'unité des méthodes, il a découvert des horizons nouveaux, et a simplifié les recherches en uni-
formisant les observations. Il a communiqué enfin à
l'étude, assez vague d'ailleurs, de la météorologie,
cette impulsion féconde que Lavoisier, que Gœthe,
que Geoffroy Saint-Hilaire imprimèrent tour à tour à
la chimie, à la botanique et à l'histoire naturelle.

C'est ainsi qu'il a inauguré la voie nouvelle vers laquelle il convie tous les peuples civilisés, dans le but
de concourir avec lui au progrès des sciences et à la
découverte de la vérité. — Certes, la France ne pouvait rester sourde à un pareil appel. Nous en avions

pour garant la valeur et l'intelligence des hommes
auxquels il s'adressait. Ce n'était pas seulement à l'é-
lite de nos capitaines marchands, c'était encore à cette
brillante pléiade d'officiers de vaisseau qui, bien que
sous le joug de la vie militaire, savent cependant consacrer à l'étude et à l'observation des lois de la nature
une partie des longues heures de leur vie errante à
travers l'Océan. N'est-ce pas là, en effet, un des plus
beaux apanages de cette carrière privilégiée qui permet
ainsi à l'homme de passer, presque sans transition,
des émotions de la guerre et des violentes agitations
de la lutte contre la tempête à ces calmes et vivifiants
recueillements d'une solitude complète « dans laquelle, nous dit Montaigne, l'âme a de quoi se rassa-
sier en toute liberté » (45) ? La nature d'ailleurs s'y
présente toujours sous ses plus beaux aspects, et c'est
à ces grands spectacles que semble s'être inspiré le
génie de Maury. On est frappé d'étonnement quand on
observe à quelle hauteur il a dû s'élever pour embrasser à la fois et réunir en un même faisceau les faits
innombrables et les détails infinis dont il a su déduire
des rapprochements imprévus et des lois d'une évidence extrême. Mais si la contemplation permanente
des grandes scènes de l'univers l'a naturellement
conduit à l'idéal du beau, il n'oublie jamais, à l'exemple de Cooper, de Chaning, d'Emerson et de tous les
vigoureux penseurs de la jeune Amérique, il n'oublie
jamais que les plus belles conceptions du génie de
l'homme sont celles qui reposent sur une idée prati-

que et qui aboutissent à un résultat positif. « Le pa-
» quebot qui relie comme un pont la vieille et la
» nouvelle Angleterre, et qui arrive au port avec la ré-
» gularité d'une planète, est un pas fait par l'homme
» dans la voie de l'harmonie avec la nature. Le ba-
» teau qui sur la Néva marche à l'aide du magné-
» tisme, a peu de chose à faire pour devenir su-
» blime (46). » C'est ainsi qu'à ses yeux le beau doit
toujours être intimement lié à l'utile et au bon. C'est
ainsi qu'en présence des grandes découvertes de l'é-
poque actuelle, initié aux merveilleux secrets des lois
de la nature, guidé par *l'esprit de lumière* que Milton
appelait *la brillante effusion de l'essence incréée*, Maury
nous ramène directement à la connaissance de Dieu
par la révélation de ses œuvres et par la contemplation de sa magnificence et de sa grandeur (47).

FIN.

NOTES.

Note 1, page 25.

C'est par le détroit de Behring que le capitaine Mac Clure pénétra dans l'océan Arctique. Il s'avança résolûment jusqu'au nord de la terre de Banks, où il ne tarda pas à se trouver, avec son navire *l'Investigator*, entièrement enfermé dans les glaces. Après deux longues années d'attente, voyant ses provisions épuisées et ses moyens de retraite anéantis, il se décida à marcher en avant et à franchir, avec un détachement de son équipage, l'espace, assez peu considérable d'ailleurs, qui le séparait de l'île de Melville, visitée par le capitaine Parry en 1820.

Sa hardiesse le sauva ; elle lui valut de plus la gloire d'avoir contourné le premier, par le nord, le continent américain. Il rencontra à l'île Melville l'expédition anglaise composée de *l'Intrépide* et du *Résolu*. Dans la situation difficile où se trouvait le capitaine Mac Clure, il n'est pas étonnant qu'il n'ait pas songé à mesurer la profondeur du bras de mer sur lequel il passait. C'est pourtant l'observation qu'on n'a pas manqué de lui faire. Où est la preuve, en effet, que l'espace qu'il franchissait ainsi entre les terres de Banks et de Melville soit effectivement un espace occupé par les eaux de la mer ? Un seul coup de sonde aurait suffi pour démontrer l'existence réelle du fameux passage. Aux yeux de quelques personnes, cette lacune est des plus regrettables.

Pour notre part, nous ne considérons pas moins la découverte du capitaine de *l'Investigator* comme l'une des découvertes les plus importantes de notre époque.

Note 2, page 32.

Arctic expedition, the second Grinnell expedition in search of sir John Franklin, 1853, 1854, 1855, by KANE, M. D., V. S. N.

Le principal résultat de cette expédition, c'est la confirmation de cette hypothèse, depuis longtemps émise par les savants, de l'existence d'une mer libre de glaces, dans le voisinage du pôle. Les côtes de cette mer offrent pour l'alimentation une grande quantité d'animaux amphibies; mais on ne peut y parvenir par la mer de Baffin qu'en traversant successivement deux bras de mer, le détroit de Smith et le canal Kennedy, qui l'un et l'autre sont impraticables aux plus légères embarcations.

(V. A. MALTE-BRUN.)

NOTE 3, page 34.

« La modestie du docteur Kane lui a fait exclure son nom de la carte de ses découvertes; mais la reconnaissance des services qu'il vient de rendre à la science géographique ne peut s'accommoder d'une telle réserve.

» Aussi, d'accord en cela avec plusieurs géographes, nous nous sommes empressés de donner à la mer polaire vue par le savant explorateur le nom de mer polaire de Kane. »

(Extrait des Nouvelles annales des voyages, de la géographie, de l'histoire et de l'archéologie, février 1856.)

NOTE 4, page 45.

« La description de Moïse est une narration exacte et philosophique de la création de l'univers entier et de l'origine de toutes choses. »

(CUVIER.)

NOTE 5, page 45.

« L'ordre d'apparition des êtres organisés est précisément l'ordre de l'œuvre des six jours tel que nous le donne la Genèse. Ou Moïse avait dans les sciences une instruction aussi profonde que celle de notre siècle, ou il était inspiré. »

(AMPÈRE.)

Note 6, page 45.

« Cultivez avec ardeur les sciences abstraites et les sciences naturelles; décomposez la matière; dévoilez à nos regards surpris les merveilles de la nature; explorez, s'il se peut, toutes les parties de cet univers; fouillez ensuite les annales des nations, les histoires des anciens peuples; consultez sur toute la surface du globe les vieux monuments des siècles passés : loin d'être alarmé de ces recherches, je les encouragerai de mes efforts et de mes vœux.

» Je ne crains pas que la vérité se trouve en contradiction avec elle-même, ni que les faits, les documents par vous recueillis, puissent jamais n'être pas d'accord avec nos livres sacrés. »

(CAUCHY.)

Note 7, page 53.

« Ainsi que le courant polaire, les légions de foraminifères qu'il entraîne avec lui sont divisées par le cap Horn de telle sorte, qu'on en trouve cinquante espèces diverses dans les mers du Brésil, et trente autres espèces tout à fait différentes dans les mers du Chili, *une seule espèce* étant commune dans les deux mers.

» Le fait de cette séparation a paru si extraordinaire, qu'on a révoqué en doute la réunion effective de ces quatre-vingts espèces dans les eaux de la mer Glaciale, d'où elles sont entraînées par le courant vers le continent américain. Cinquante espèces prennent continuellement la route du levant, tandis que trente seulement prennent la route de l'occident. Il serait curieux de pouvoir vérifier le fait, en puisant de l'eau dans la mer Glaciale, et en examinant s'il s'y trouve de ces animalcules et de quelles espèces. »

(ZIMMERMANN, Le monde avant la création de l'homme.)

Note 8, page 56.

« Une roche de même nature constitue une partie notable des bassins de Paris : mais les masses les plus considérables se trouvent dans le Jura de la Suisse et d'Allemagne, dans la Souabe et dans la Franconie, où ces roches s'étendent sur un espace de deux cent cinquante lieues de longueur, dessinant une chaine de montagnes dont la forme et les éléments ont la plus grande analogie avec le banc de corail de la Nouvelle-Hollande. Lorsqu'un jour, dans quelques millions d'années peut-être, les eaux de la mer se seront retirées de ce banc de corail, celui-ci ne sera plus à son tour qu'une chaine de montagnes composées de calcaires à polypiers, présentant la même stratification que le Jura et que tous les terrains qui ont emprunté leur nom à cette puissante formation. »

(ZIMMERMANN, Formation tertiaire. Le monde avant
la création de l'homme.)

NOTE 9, page 62.

Expérience de Grove en 1843, qui met en évidence la production de tous les autres modes de force par la lumière. — « En prenant la lumière pour force initiale, l'appareil employé donnait : une *action chimique*, de l'*électricité*, du *magnétisme*, de la *chaleur* et du *mouvement*. »

(GROVE, Corrélation des forces physiques, p. 148.)

NOTE 10, page 62.

« La transformation des corps en lumière, et de la lumière en corps, est tout à fait conforme au cours de la nature, qui semble prendre plaisir à ces transformations. »

(NEWTON, On the optic.)

Il nous a été permis de saisir l'ensemble des rapprochements si frappants qui existent dans la corrélation des forces physiques de notre globe, en parcourant quelques notes précieuses recueillies à ce sujet par notre ami et collègue M. Élie Margollé. C'est un devoir et un hommage que nous sommes heureux de lui rendre ici. Il est également juste de rappeler que c'est aux travaux de M. Zurcher que nous devons en France la connaissance des phénomènes odiques du baron de Reichembach.

NOTE 11, page 75.

Voici la liste des principaux instruments et des principaux phénoménes où se manifeste l'effet produit par le mouvement rotatoire de la terre autour de son axe :

1° Le pendule de M. Léon Foucault, qui à chaque oscillation dévie à sa droite d'une quantité angulaire égale à la vitesse angulaire de rotation de la terre multipliée par le sinus de la latitude.

2° Le gyroscope, ou plutôt les diverses sortes de gyroscopes du même savant, lesquels, pour l'extrémité d'un index de 1 mètre de longueur, donnent en France un déplacement d'environ 1 millimètre pour 18 ou 20 secondes de temps.

3° L'expérience de M. Perrot, où la vitesse minime du liquide vers le centre du vase donne à la terre le temps de se déplacer sensiblement, même pour une marche très-petite des molécules liquides qui vont de la circonférence au centre.

4° La chute vers l'est des corps tombant en chute libre.

5° La chute vers le sud des mêmes corps, circonstance encore inexpliquée, mais qui paraît mise hors de doute par l'expérience.

6° La chute vers l'ouest des projectiles lancés verticalement, quantité considérable qui, suivant Laplace, serait de 129 mètres pour une vitesse initiale de 500 mètres, abstraction faite de la résistance de l'air. J'ai vérifié son calcul de deux manières.

J'ajouterai ici le transport vers l'ouest, par un temps calme, des sables et des gaz volcaniques projetés à une très-grande hauteur.

7° Déviation à droite, dans l'hémisphère nord, d'un corps marchant sur un plan horizontal, et sa trajectoire apparente courbée en parabole. (Notez que si le corps roule, sa masse influe sur la quantité de déviation.)

8° Déviation à droite d'un corps qui suit un plan incliné, soit en montant, soit en descendant.

9° Déviation à droite d'un projectile à trajectoire (boulet et balle) et des projectiles tirés sous un grand angle de hauteur (bombes).

10° Les deux circuits que forment les eaux dans les deux bassins de la Méditerranée, et qui marchent à gauche pour un observateur placé vers le centre de chaque bassin. Même chose pour le bassin de la mer Noire, pour celui de l'Adriatique, pour celui de la mer Caspienne, et enfin pour celui du lac Aral.

11° Le grand circuit des eaux dans la partie nord de l'Atlantique et le circuit encore plus vaste du Pacifique nord. L'un et l'autre tournent à droite de l'observateur placé vers le centre, la partie sud de l'un et l'autre courant circulaire allant vers l'ouest, et la partie nord marchant à l'est.

Plus trois autres circuits bien moins importants, dirigés à gauche, et occupant l'Atlantique sud, le Pacifique sud et la mer des Indes; enfin les deux circuits circompolaires marchant l'un et l'autre vers l'est.

12° Les vents alizés et leurs deux contre-courants du nord et du sud.

13° La rotation rapide de la direction d'où vient le vent quand son intensité se soutient constante, et qui fait, suivant la célèbre loi de Dove, virer le vent en quelques heures du nord vers l'est, puis vers le sud, puis vers l'ouest, pour qu'il redevienne enfin un vent du nord, faisant souvent ainsi une rotation apparente de plus d'une circonférence entière, et dont la théorie complète et la constance, autrement inexplicable, ne résultent que de la loi de M. Foucault, suivant tous les azimuts. (Vitesse angulaire de la rotation de la terre, multipliée par le sinus de la latitude.)

14° La rotation vers la gauche (pour un observateur situé au centre) des cyclones ou tornados des latitudes moyennes de l'hémisphère nord, tornados qui n'ont pas lieu dans les mers équatoriales, pour lesquelles le sinus de la latitude est égal à zéro.

15° L'effet du vent sur une mer peu étendue, effet qui, d'après la loi de M. Foucault, tend à lui imprimer un mouvement toujours dirigé dans le même sens, de quelque point de l'horizon que le vent vienne à souffler.

16° La déviation incontestable et considérable des eaux des fleuves quand ils entrent dans la mer ou dans les grands lacs, portant à droite dans notre hémisphère les troubles qu'ils charrient avec leurs eaux.

17° La faible tendance vers la droite des rivières du nord, tendance dont nous évaluons l'intensité par le calcul. (Extrait du rapport de M. Babinet. Compte rendu de l'Académie des sciences, séance du 21 novembre 1859.)

NOTE 12, page 78.

Dans son parcours latéral depuis l'Irlande jusqu'au golfe de Gascogne, cette branche du Golfstrim est parfaitement connue des marins qui naviguent près des côtes de France. Le courant porte à l'est; il est d'une violence assez considérable. Aussi l'approche de la terre est une opération toujours fort délicate, dans la saison surtout où une brume épaisse dérobe à la vue les innombrables dangers qui bordent le rivage.

C'est à cette double coïncidence, réunie peut-être à une déviation de l'aiguille aimantée, qu'il faut attribuer le fatal accident qui vient de priver la marine française d'un de ses meilleurs bâtiments de guerre, la frégate à vapeur *le Sané*.

NOTE 13, page 83.

Bulle *Inter cætera*. — *Du pape*, chap. XIV.

NOTE 14, page 91.

SHAKSPEARE, *Jules César*, acte II, scène II.

NOTE 15, page 106.

« Nos idées sur la *distribution de la chaleur* atmosphérique ont gagné en clarté depuis qu'on s'est efforcé de soumettre les phénomènes à un mode uniforme de représentation graphique, en reliant les uns aux autres, par un système de lignes, tous les points où les températures moyennes de l'année, de l'été et de l'hiver, ont été déterminées avec exactitude. Le système des *lignes isothermes*, que j'ai proposé en 1827, pourra peut-être fournir une base certaine à la climatologie comparée, si les physiciens consentent à réunir leurs efforts pour la perfectionner. C'est ainsi que l'étude du magnétisme terrestre est devenue une véritable science, du jour où les résultats partiels ont été réunis et représentés graphiquement par des lignes d'égale déclinaison, d'égale inclinaison et d'égale intensité. »

(ALEXANDRE DE HUMBOLDT, *Cosmos*, 1re partie.)

NOTE 16, page 113.

Le lieutenant Jansen a été le premier à signaler l'existence de ce courant. Maury a fait des recherches spéciales à ce sujet, et il a reconnu, conformément aux indications de l'habile officier hollandais, qu'un mouvement des eaux vers le pôle se manifestait dans le sud du cap de Bonne-Espérance. Le capitaine Grand, dans le journal d'un voyage de New-York en Australie, signale des faits relatifs à cette question, qu'il a trouvée développée d'une manière toute particulière. Il ne connaissait point encore la remarque du lieutenant Jansen ; aussi fut-il très-surpris de la température accusée par les eaux. Il ne pouvait s'expliquer la présence d'une immense nappe d'eau chaude dans les hautes latitudes où il se trouvait.

NOTE 17, page 115.

HERSCHELL, *Transactions géologiques*, t. III, p. 298.

NOTE 18, page 116.

HUMBOLDT, *Lignes isothermes.*

NOTE 19, page 118.

Voir les calculs de M. Adhémar, dans son beau mémoire sur les *Révolutions de la mer* et sur la *Formation géologique des couches supérieures de notre globe.* Paris, 2me édition. Voir également le curieux ouvrage de M. le Hon sur la *périodicité des grands déluges prouvée par les faits géologiques.* Paris, chez Lacroix, 1858.

NOTE 20, page 120.

« Quelque conjecturale qu'en soit encore la cause, un phénomène des plus extraordinaires a sillonné les contrées septentrionales avant la naissance du genre humain. Ce phénomène a été immense ; les traces s'observent non-seulement en Europe, mais encore à la surface du Canada et de la plus grande partie du sol des États-Unis d'Amérique, se dirigeant du *nord* au *sud,* et dérivant par conséquent des régions voisines du pôle boréal.

» Quant à la manière dont l'impulsion une fois produite aurait donné naissance aux effets observés, M. Durocher conçoit qu'une grande masse d'eau partie des régions polaires, et probablement *accompagnée de glace,* est venue inonder les contrées septentrionales, depuis le Groënland jusqu'à la chaîne des monts Ourals. Le courant s'est précipité du nord vers le sud, envahissant la Norvége, la Suède et la Finlande, démantelant les montagnes et les rochers qu'il trouvait sur son passage, polissant leur surface et y traçant des sillons et des stries au moyen des détritus qu'il en arrachait. Les mêmes masses d'eau qui avaient passé sur la Scandinavie et sur la Finlande ont dû se répandre sur l'Allemagne, sur la Pologne et sur la Russie, et y produire encore des phénomènes d'érosion et de transport. L'état parfait de conservation des blocs erratiques est une preuve incontestable de la présence d'énormes glaçons dans le torrent qui traversa notre hémisphère. En effet, dans l'origine, on avait de la peine à comprendre comment il était possible qu'après avoir parcouru des distances égales quelquefois à plusieurs centaines de lieues, ces blocs eussent conservé la vivacité de leurs arêtes, leur poids énorme ne permettant pas de supposer qu'ils aient pu rester suspendus dans la masse fluide; et, par conséquent, ils auraient dû être émoussés et arrondis par le frottement sur la surface des rochers. »

(*Rapport de* M. ÉLIE DE BEAUMONT *sur le Mémoire
présenté à l'Institut par M. Durocher.*)
(*Comptes rendus*, 17 janv. 1842, p. 108.)

NOTE 21, page 125.

Le prophète Daniel dit nettement (chap. IX, vers. 26) que, lors du bouleversement du monde, une inondation aura lieu.

« Les peuples seront dans la consternation, sans savoir ce qu'ils deviendront, la mer et les flots faisant un grand bruit. » (Saint Luc, chap. XXI, v. 25.)

NOTE 22, page 125.

Notice publiée par Arago dans l'*Annuaire de* 1834.

NOTE 23, page 127.

« La progression des glaciers, en Suisse, est prouvée par des forêts de mélèzes qui ont été absorbées par des glaces, et dont la cime de quelques-uns de ces arbres surpasse encore la surface des glaciers. Ce sont des témoins irréprochables qui attestent les progrès des glaciers, ainsi que le haut des clochers d'un village qui a été englouti sous les neiges, et que l'on aperçoit lorsqu'il se fait des fontes extra-ordinaires. »

Le même voyageur, M. Bourrit, dit « qu'on ne peut douter de l'accroissement de tous les glaciers des Alpes ; que la quantité de neige qui y est tombée pendant les hivers l'a emporté sur la quantité fondue pendant les étés ; que non-seulement la même cause subsiste, mais que ces amas de glaces déjà formés doivent l'augmenter toujours plus, puisqu'il en résulte et plus de neige et une moindre fonte... Ainsi il n'y a pas de doute que les glaciers n'aillent en augmentant, et même dans une progression croissante. »

« Il paraît, dit-il ailleurs, que tous les pays de montagnes n'étaient pas anciennement aussi remplis de neiges et de glaces qu'ils le sont aujourd'hui... L'on ne date que depuis quelques siècles les désastres arrivés par l'accroissement des neiges et des glaces, par leur accumulation dans plusieurs vallées, par la chute des montagnes elles-mêmes et des rochers. Ce sont ces accidents presque continuels et cette augmentation annuelle des glaces qui peuvent seuls rendre raison de ce que l'on sait de l'histoire de ce pays touchant le peuple qui l'habitait anciennement. »

(Description des aspects du mont Blanc, par M. Bourrit.
Lausanne, 1776, p. 62 et 63.)

<h2 align="center">Note 24, page 129.</h2>

Discours sur les révolutions de la surface du globe, par Cuvier.

<h2 align="center">Note 25, page 131.</h2>

Bertrand de Hambourg, dans un ouvrage imprimé en 1779, ayant pour titre : Renouvellement périodique des continents.

<h2 align="center">Note 26, page 141.</h2>

« Nous avons vu avec quelle lenteur la masse énorme des eaux de l'Océan suit les variations de température de l'atmosphère, et nous en avons tiré la conséquence que la mer sert à égaliser les températures, qu'elle tempère à la fois la rigueur des hivers et la chaleur des étés. De là une opposition importante entre le climat des îles ou des côtes propre à tous les continents articulés, riches en péninsules et en golfes, et le climat de l'intérieur d'une grande masse compacte de terres fermes. Ce contraste a été complétement développé pour la première fois par Léopold de Buch.

« Les *climats continentaux* ont été, à bon droit, nommés excessifs par le célèbre Buffon, et les habitants des contrées où règnent ces climats excessifs paraissent être condamnés, comme les âmes en peine du Purgatoire de Dante, *a sofferir tormenti caldi e geli.*

» La surface de la mer n'étant pas susceptible de se refroidir autant que celle des continents, à cause de l'énorme masse des eaux et de la précipitation immédiate des particules refroidies, il en résulte que les côtes occidentales doivent être plus chaudes que les côtes orientales, pourvu toutefois qu'un courant océanique ne vienne pas modifier leur température. Cette différence a été signalée pour la première fois par un jeune compagnon de Cook, l'ingénieur George Forster, qui a contribué d'une manière si efficace à faire naître en moi le goût des expéditions lointaines. Il en est de même de l'analogie qui existe, pour la température, entre la côte occidentale de l'Amérique du Nord et la côte occidentale de l'Europe. » (*Cosmos.*)

Voir FORSTER, *Petits écrits*, p. III, 1794.

DOVE, *Annuaire de Schumacher*, 1841.

KAEMTZ, *Météorologie*, vol. XI.

ARAGO, *Comptes rendus*, t. I, 268.

NOTE 27, page 142.

Le lieutenant Bent, qui a fait partie de l'expédition du Japon commandée par le commodore Perry, a lu devant la Société américaine, en janvier 1856, un Mémoire dans lequel il s'exprime ainsi au sujet de ce courant : « Les Japonais connaissent son existence et l'appellent *Kuro-Siwo*, ou courant noir. Ce nom dérive évidemment du contraste établi entre la couleur bleu foncé de ses eaux et la teinte plus claire de la mer adjacente. » On peut conclure dès lors que les eaux bleues du courant de la Chine, ainsi que celles du Golf-strim, contiennent plus de sels que les eaux communes de l'Océan.

NOTE 28, page 154.

« Tous les fleuves vont en la mer, et la mer n'en est point remplie ; les fleuves retournent au lieu d'où ils étaient partis, pour revenir en la mer. »   (*Livre de l'Ecclésiaste*, cap. 1, v. 7.)

NOTE 29, page 165.

Tableaux de la nature, par Alexandre de Humboldt, sur les steppes et les déserts, t. II, p. 32.

NOTE 30, page 167.

« La création de l'univers est tellement décrite en la Genèse, qu'il semble que l'homme, ou ce qui a rapport à l'homme, en soit comme le principal et l'unique sujet : c'est que l'histoire de la création ayant été écrite pour l'homme, ce sont principalement les choses qui regardent l'homme ou sa demeure que l'inspiration y a voulu spécifier, et qu'il n'y en est parlé d'aucune qu'en tant qu'elle se rapporte à l'homme. »   (DESCARTES.)

NOTE 31, page 168.

« C'est un fait bien remarquable que le sens de calorique et de lumière soit exprimé dans la Bible par un seul et même mot, comme étant une seule et même chose. On doit donc comprendre, dans le sens de l'hébreu, non-seulement la lumière, mais encore le calorique. Il faut donc traduire le mot *aor* par lumière calorique, ce qui comprend à la fois et l'action moléculaire ou affinité chimique, et l'électricité, et le magnétisme de la science, triade mystérieuse qu'elle s'efforce en vain de pénétrer depuis une foule d'années. La révélation écrite va nous apprendre ce que c'est que cet agent mystérieux :

« Au commencement, dit le disciple bien-aimé de Jésus, était la » parole divine ; la parole divine était en Dieu, et elle-même était » Dieu..... Tout ce qui a été créé a été fait par elle, et rien de ce qui

» a été créé n'a été fait sans elle. En elle était la vie de tout ce qui a
» été créé, et la vie, c'est ce que les hommes appellent lumière et
» chaleur. » (Jean, Évangile, cap. I, v. 1, 2, 3, 4.)

» Le mot grec, de même que l'hébreu, signifie à la fois *lumière* et
chaleur; il faut traduire pareillement par *lumière calorique*.

» Or il suit de cette révélation du disciple bien-aimé de Jésus-
Christ, que la vie et la lumière calorique, ce que les hommes nomment
lumière et chaleur, sont une même chose, émanant de la parole divine : *Dans la Parole divine était la vie de tout ce qui a été fait, et la
vie, c'est ce que les hommes nomment lumière et chaleur...* »

(CHAUBARD, *L'univers expliqué par la révélation*, p. 114 et 121.)

NOTE 32, page 168.

« Les savants ne séparent plus la chaleur de la lumière, qu'ils
s'accordent à regarder comme une modification du même principe ; et
on rend raison des phénomènes de l'électricité et du magnétisme par
la rupture et le rétablissement de l'équilibre de ce fluide invisible
dans les divers corps de la nature. On convient aujourd'hui qu'un
seul fluide impondérable suffit à l'explication de tous les phénomènes
de la chaleur, de la lumière, de l'électricité et du magnétisme ; et
tous les jours de nouvelles découvertes viennent révéler aux physiciens que les opérations les plus secrètes de la nature sont dues à cet
élément universel, principe de toutes les actions des corps et de toutes
leurs modifications, et que ce principe inconnu « est au monde ma-
» tériel ce que l'âme est au monde moral ».

(BECQUEREL, *Traité de l'électricité et du magnétisme*, t. IV.)

« Tel est le principe mystérieux que Moïse nous représente comme
dominant sur toute la masse moléculaire que le Créateur venait de
tirer du néant, et que, dans son langage profondément philosophique,
il appelle Esprit de Dieu. »

(GODEFROY, *Cosmogonie de la révélation*, p. 21.)

NOTE 33, page 169.

L'ozone, découvert il y a quelques années par Schœnbein, est
encore peu connu. Est-ce une substance particulière? est-ce tout sim-

plement de l'oxygène électrisé? Les chimistes ne sont point d'accord; mais quelle que soit sa composition, l'ozone peut déjà servir au développement et au progrès des observations météorologiques.

A l'observatoire de Lisbonne, d'après les résultats obtenus en 1855, on a constaté que la quantité d'ozone contenu dans l'atmosphère paraît être en raison directe de l'humidité et en raison inverse de la pression.

Le lieutenant Jansen, de la marine hollandaise, dans une traversée d'Europe en Australie, a invariablement trouvé le plus d'ozone avec les vents du nord et du sud venant de l'équateur, et très-peu avec ceux qui soufflaient des pôles. D'après ces observations, la bande équatoriale, avec son *cloud-ring* sans cesse sillonné par des décharges électriques, paraît être le foyer où s'élabore ce produit subtil de la nature. Il faut cependant attendre qu'un plus grand nombre d'expériences donne plus d'autorité à ces conclusions, peut-être prématurées.

Pour ce genre d'observations, on se sert d'un papier préparé avec de l'amidon et de l'iodure de potassium; exposé à l'air libre, ce papier prend une teinte plus ou moins foncée, selon la quantité d'ozone qui s'y trouve. En rapprochant le résultat obtenu d'une échelle de teintes prise comme moyen de comparaison, on peut exprimer en chiffres les quantités relatives de l'ozone contenu dans l'atmosphère.

Note 34, page 169.

La théorie de M. Delarive sur les aurores boréales en général, et ses considérations sur les dernières aurores que l'on vient d'observer pendant ces dernières années, ajoutent un nouvel intérêt, nous pouvons dire une nouvelle preuve, en faveur des idées que nous avons émises sur la convergence des courants atmosphériques vers les pôles, et sur l'intervention de l'agent électro-dynamique qui se manifeste dans toute l'étendue de leur circuit, mais principalement au lieu de leur renversement, situé au centre des régions polaires.

D'après le savant physicien de Genève, les vapeurs qui s'élèvent de la surface des mers équatoriales entraînent avec elles, dans les régions supérieures de l'atmosphère, des quantités considérables d'électricité positive; elles leur servent de véhicule, et abandonnent à la partie solide de notre globe la quantité correspondante d'électricité néga-

tive Emportées vers l'un et l'autre pôle par les *courants atmosphériques*, ces mêmes vapeurs viennent s'y accumuler et constituer en ces
points une atmosphère toute chargée d'électricité positive.

Toutefois, comme nous l'avons déjà fait remarquer, son degré d'intensité doit aller en diminuant à mesure que l'on descend des couches
élevées vers les régions inférieures. Il y a donc tendance à la neutralisation entre cette électricité positive et l'électricité négative de la
terre. Cette neutralisation s'opère directement à travers la couche
atmosphérique elle-même ; mais elle s'opère surtout plus énergiquement vers les régions polaires, véritables foyers où viennent converger
toutes les vapeurs chassées des zones tropicales. Dans le premier cas,
qui ne peut être considéré que comme un cas particulier, la neutralisation est plus ou moins active, suivant l'état hygrométrique de
l'air ; elle se manifeste par les orages et par les éclats de la foudre.

Mais dans le second cas, au contraire, qui est le véritable état
normal, la neutralisation s'opère d'une manière plus permanente et
plus énergique. Elle donne naissance à ces phénomènes lumineux qui
ne sont, en général, visibles que dans les régions polaires, et qui ne
peuvent être autre chose que la décharge électrique produite par cette
neutralisation. Quant à la forme et aux oscillations particulières que
l'on observe dans les aurores boréales, elles sont dues évidemment au
voisinage du pôle magnétique de la terre.

Note 35, page 170.

« On ne peut douter, dit Ampère dans sa *Théorie des phénomènes électro-dynamiques*, 1826, p. 199, qu'il existe dans l'intérieur
du globe des courants électro-magnétiques et que ces courants sont
la cause de la chaleur qui lui est propre. » L'apparition d'une aurore
boréale est l'acte qui met fin à un *orage magnétique*, de même que
dans les orages électriques un phénomène lumineux, l'éclair, annonce
que l'équilibre, accidentellement troublé, vient de se rétablir. L'orage
électrique est ordinairement circonscrit dans un faible espace ; l'orage
magnétique, au contraire, étend son influence sur une grande partie
des continents. D'après Arago, cette action se fait sentir loin des lieux
où le phénomène de lumière est visible. (Voir Dove, *Annales de Po-
gendorff*, vol. XX.)

NOTE 36, page 170.

La relation qui existe entre la courbure des lignes magnétiques et celle des lignes isothermes a été découverte par sir David Brewster. (*Transactions of the royal Society of Edimborg*, vol. IX, 1821, et *Treatise of magnetism*, 1827.) Ce physicien admet l'existence de deux pôles de froid dans l'atmosphère septentrional, l'un en Asie et l'autre en Amérique, et tous les deux sur le 73e degré de latitude. Il y aurait donc deux méridiens pour les fortes chaleurs, et deux autres méridiens pour les plus grands froids. Déjà, dès le seizième siècle, Acosta enseignait qu'il y avait quatre lignes sans déclinaison. (*Historia natural de las Indias*, 1589.) Cette opinion semble ne pas avoir été étrangère à la théorie des quatre pôles magnétiques de Halley. (Voir Humboldt, *Examen critique de l'histoire de la géographie*, t. III.)

NOTE 37, page 171.

« De longues et de nombreuses observations nous ont appris que, dans les Indes occidentales, la baie du Bengale, les mers de Chine et la partie méridionale de l'océan Indien, le vent, dans un ouragan, a deux mouvements distincts : l'un de tournoiement autour d'un centre, l'autre de translation, suivant une ligne droite ou une ligne courbe. Dans l'hémisphère nord, « le mouvement circulaire a
» lieu de l'est à l'ouest, en passant par le nord, c'est-à-dire de droite
» à gauche ; dans l'hémisphère austral, au contraire, le mouvement
» s'opère de gauche à droite, en passant par le sud. »

> (Extrait de l'*Essai sur la loi des tempêtes appliquée aux mers
> des Indes et de Chine*, par H. PIDDINGTON.)
> (*Bengal and Agra annual Guide and Gazetteer*, 1842.)

NOTE 38, page 171.

« Le mouvement général de translation s'opère sur une courbe parabolique dont le sommet est situé du côté de l'ouest, et dont les branches s'écartent vers l'orient. »

> (*Des ouragans, typhons, tornades et tempêtes*, par Keller,
> ingénieur hydrographe, 1847.)

Note 39, page 201.

Mousson, *mausim*, saison, époque fixée pour le rassemblement de ceux qui font le pèlerinage de la Mecque. Ce mot a été appliqué à la saison des vents réguliers, qui tirent leur nom spécial des contrées d'où ils soufflent. Ainsi on dit mausim d'Aden, mausim de Guzérate, de Malabar, etc.

Note 40. page 202.

On pense que c'est l'île de Bornéo.

« A l'époque où florissait Strabon, Hippalus fixa la navigation de l'Inde par le golfe Arabique, en expérimentant les vents réguliers que nous appelons moussons : un de ces vents, le vent du sud-ouest, celui qui conduisait dans l'Inde, prit le nom d'Hippale. Des flottes romaines partaient régulièrement du port de Bérénice vers le milieu de l'été, arrivaient en trente jours au port d'Occélis ou à celui de Cané, dans l'Arabie, et de là, en quarante jours, à Muziris, premier entrepôt de l'Inde. Le retour, en hiver, s'accomplissait dans le même espace de temps, de sorte que les anciens ne mettaient pas cinq mois pour aller aux Indes et pour en revenir. Pline et le Périple de la mer Érythréenne (dans les *Petits géographes*) fournissent ces détails curieux. »

(CHATEAUBRIAND, Voyages.)

Note 41. page 210.

Dans le léger brouillard du matin, un son, celui d'un coup de canon, par exemple, est à peine entendu à une faible distance. Au milieu du jour, au contraire, malgré la brise du large, on peut l'entendre distinctement à plus de quatre milles au loin.   (JANSEN.)

Note 42, page 210.

Un de nos plus savants voyageurs, M. Antoine d'Abaddie, pendant un long séjour en Égypte et en Abyssinie, a eu souvent l'occasion de constater que c'était entre deux orages, entre deux *grains* de pluie, que se rencontraient les conditions les plus favorables pour obtenir les meilleures observations géodésiques.

NOTE 43, page 212.

Le savant voyageur que nous venons de citer a remarqué la même régularité dans les orages du soir. Ses observations lui ont fourni le sujet d'un intéressant mémoire sur le *tonnerre en Éthiopie*, publié à Paris en 1854.

NOTE 44, page 215.

Des observations très-nombreuses ont conduit un des officiers les plus distingués de la marine hollandaise, M. le lieutenant Jansen, à admettre que la position de la lune pouvait avoir une certaine influence sur la formation et sur l'intensité des brises de terre et es brises de mer. Dans le golfe de Darien, par exemple, il a remarqu e la pleine lune coïncidait toujours avec un surcroît de vent du c de la terre, et que dans son premier quartier la brise dominait, au contraire, du côté de la mer. Il n'est pas un marin à l'esprit duquel cette question ne se soit présentée. Le plus grand nombre est forcé d'admettre que l'apparition de la lune au-dessus de l'horizon accompagne presque toujours une modification plus ou moins notable dans les conditions météorologiques de l'atmosphère. Mais ne pouvant trouver une explication rationnelle d'un pareil fait, on est tout naturellement porté à douter de sa réalité. Pour notre part, nous nous associons à l'opinion de ceux qui font dépendre de l'action magnétique l'existence de ce phénomène encore inexpliqué.

NOTE 45, page 217.

Essais de MONTAIGNE, liv. I, ch. XXXVIII.

NOTE 46, page 218.

Essai de philosophie américaine, par RALPH EMERSON, citoyen des États-Unis.

C'est également aux savantes recherches de notre ami M. Élie Margollé, que nous devons cette nouvelle confirmation de la tendance générale de notre époque vers *l'unité des méthodes*.

NOTE 47, page 21

MILTON, *Paradis perdu*, liv. III.

PARIS. TYPOGRAPHIE DE HENRI PLON, IMPRIMEUR DE L'EMPEREUR, RUE GARANCIÈRE, 8.

www.ingramcontent.com/pod-product-compliance
Lightning Source LLC
LaVergne TN
LVHW051008200726
843508LV00001B/186